列島自然めぐり

日本一の巨木図鑑

――樹種別日本一の魅力 120――

写真・解説●宮 誠而

文一総合出版

はじめに

　巨木に関心を寄せる人々の多くは、幹の太さや樹高、樹形、ごつごつした樹肌の雰囲気などからその独特な生命感に魅了されているようだ。本書は、これに加えて「樹種別日本一」を探求し、訪れてみる楽しみをお伝えしたい。

　著者は2006年から2012年までの7年をかけて候補を含めて全国約800本の巨木を調査し、"これぞまさに日本一"と思える120本の巨木を選んでみた。樹種別日本一は単にその種の中で幹周が最大であることだけでなく、実際に見たときの印象と一致することを念頭に、著者がさまざまな観点から総合的に検討したもので、樹種によっては1種につき何本か1位を選ばざるを得なかったものもある。

　なかには学術調査以外の立ち入りができない箇所や、アクセスが非常に困難な場所があり、これらすべてを誰もが見ることができないのは残念だが、このような巨木があることだけでも知っておいていただきたく思って掲載した。おそらく植物学的にも、どの種がどのくらい大きくなって樹齢も最長どのくらいになるのか未知の領域にちがいない。

　本書をきっかけにさらに様々な樹種の日本一が明らかになることを期待すると同時に、巨木の見方に新たな要素が加わることによって、より多くの方に巨木の魅力を味わっていただけることを願っている。

宮　誠而

日本一の巨木とは

　樹種別に日本一の巨木を決めるのは簡単ではない。一番の問題は測定方法によって幹周の大きさに様々な値が存在することだ。また、たとえ値が最大でなくても樹形が立派な場合やその逆の場合、さらに単幹と分岐幹の比較も幹周だけでは実物の印象と異なり比較にならない。ときに樹種が間違って登録されていることさえある。

　そのような多数の巨木をなるべく同一基準で比較検討するために以下のような原則を設けた。

①幹周の大きさは可能な限りM式測定法（p.8～11参照）の値で統一して比較する（ただしM式で測定できなかった巨木の幹周は、現地標識に従う）。

②幹周の大きさの誤差範囲に複数あるものは樹形・樹高・枝振り・樹齢・樹勢・由緒・品格を総合して比較する。

③単幹樹と分岐幹樹、株立ち、根上りは区別して扱う。

④日本一比較検討には直接全国の巨木調査を行った当人が行う。

　ただし、以上の原則をもってしても比較検討が困難な場合や、日本一の巨木として外すことができないと著者が考えるものについては例外的に掲載した（例：p.208 景観日本一の桜「醍醐桜」など）。

本書の情報について

- 「全国巨樹・巨木林巨樹データベース」（環境省、全国巨樹・巨木林の会、奥多摩町日原森林館）http://www.kyoju.jp/data/index.html（本書中では「巨樹DB」と略）

  『巨樹・巨木』『続・巨樹・巨木』（山と渓谷社）

  『石川県の巨樹』（石川県林業試験場）

  等の情報を主とし、その他多くの巨木の著書やインターネット情報を参考にして「樹種別日本一候補」をリストアップ。それらを現地調査して日本一を決定した。ときに偶然発見した巨木もある。

- 本書で紹介した巨木の所在地の多くは個人宅や私有林で、みだりに立ち入ることはできない。また、道がなくアプローチに危険が伴う場合もある。そのため一部に緯度やアクセスを省略した。

- 巨木の名称はなるべく一般に使用されているものを選んだ。

- 掲載内容は2013年2月現在の情報に基づく。

日本一の巨木位置図

北海道
1. 日本最北端の巨木
2. 日本一のイチイ

青森県
3. 日本一のヒノキアスナロ
4. 日本一のイチョウ
5. 日本一のソメイヨシノ
6. 単幹日本一タイのブナ
7. 日本一のアンズ

岩手県
8. 日本一のポプラ
9. 日本一のオオヤマザクラ
10. 日本一のカシワ

秋田県
11. 樹高日本一の一本杉
12. 日本一タイのクリ
13. 日本一のサイカチ
14. 日本一のホオノキ

山形県
15. 日本一のカツラ
16. 日本一のアカマツ
17. 日本一のシロヤナギ
18. 日本一のケヤキ
19. 日本一のクリ

宮城県
20. 日本一のクロベ

福島県
21. 単幹日本一のブナ
22. 日本一のオオウラジロノキ
23. 日本一のメグスリノキ
24. 日本一のカヤ
25. 日本一のヤマナシ
26. 日本一の枝垂桜
27. 日本一のマユミ
28. 日本一のサワラ
29. 日本一のヤマザクラ
30. 日本一のカリン
31. 日本一のナツツバキ

栃木県
32. 日本一のユズリハ
33. 日本一のヒイラギ
34. 日本一のネムノキ

茨城県
35. 日本一のハリエンジュ
36. 日本一のヒサカキ
37. 日本一のシマサルスベリ
38. 日本一のナツグミ

群馬県
39. 日本一のクワ

千葉県
40. 日本一のタブノキ

東京都
41. 日本一見事な松
42. 日本一のプラタナス
43. 日本一のハクモクレン
44. 日本一のユリノキ
45. 日本一の根上りスダジイ

神奈川県
46. 日本一のカイドウ
47. 日本一のハルニレ
48. 日本一のエンジュ
49. 日本一のバクチノキ

静岡県
50. 樹齢日本一のクスノキ
51. 日本一のホルトノキ
52. 日本一のヤマモモ
53. 日本一のイロハモミジ
54. 日本一のミツバツツジ

山梨県
55. 日本一のザクロ
56. 日本一のサルスベリ
57. 日本一のエドヒガン
58. 日本一のカラマツ
59. 日本一のダケカンバ

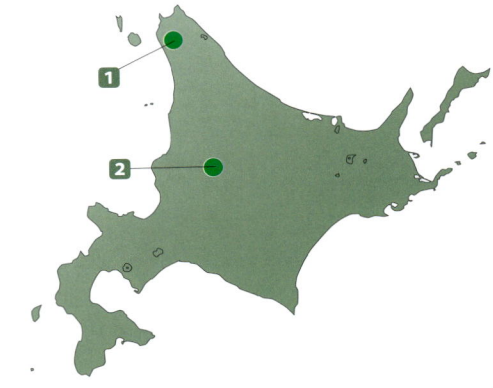

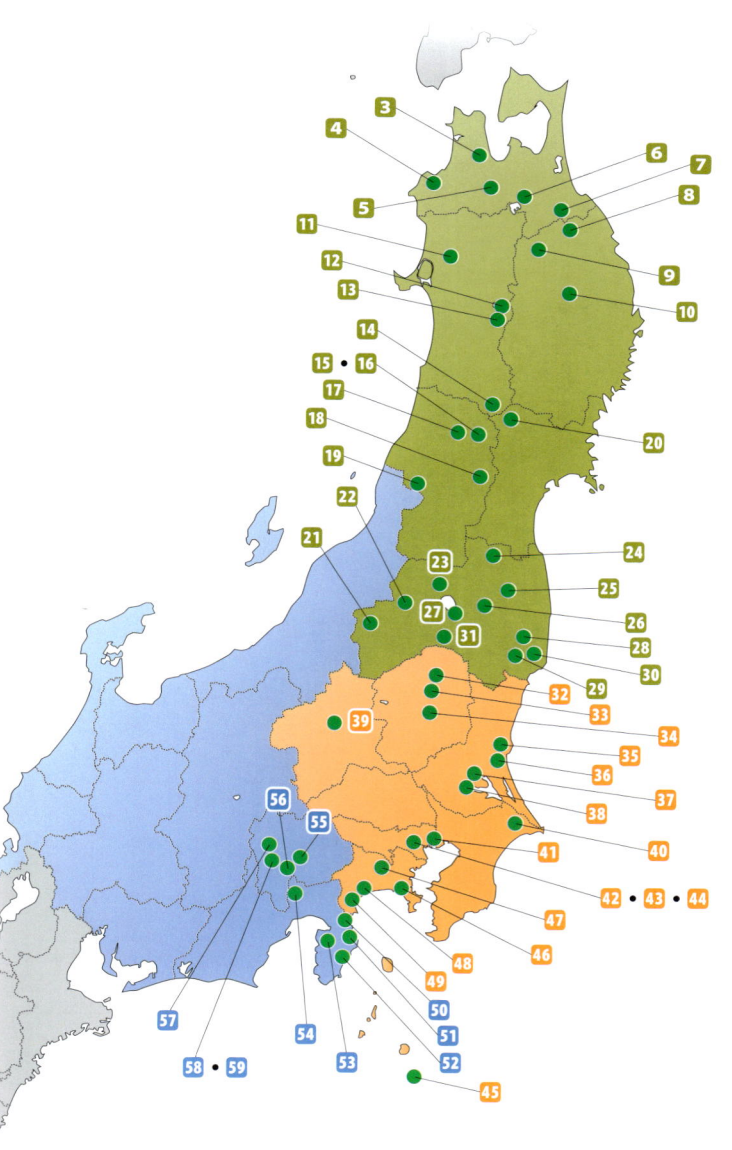

日本一の巨木位置図

岡山県
- 98 日本一のカキ
- 99 景観日本一の桜

島根県
- 100 日本一のスダジイ

広島県
- 101 日本一のコナラ
- 102 日本一のネズ
- 103 日本一のギンモクセイ

香川県
- 104 日本一のイブキ
- 105 日本一のセンダン

徳島県
- 106 日本一のシャクナゲ
- 107 日本一のネジキ
- 108 日本一のナナカマド

高知県
- 109 寺社境内日本一のスギ
- 110 単幹日本一のヤブツバキ

愛媛県
- 111 日本一のユーカリ
- 112 日本一のカゴノキ

福岡県
- 113 日本一のチシャノキ

宮崎県
- 114 日本一のヒノキ

長崎県
- 115 日本一のオガタマノキ

熊本県
- 116 日本一のキンモクセイ

鹿児島県
- 117 根上り日本一のエドヒガン
- 118 日本一のクスノキ
- 119 日本一のアコウ
- 120 単幹日本一のスギ

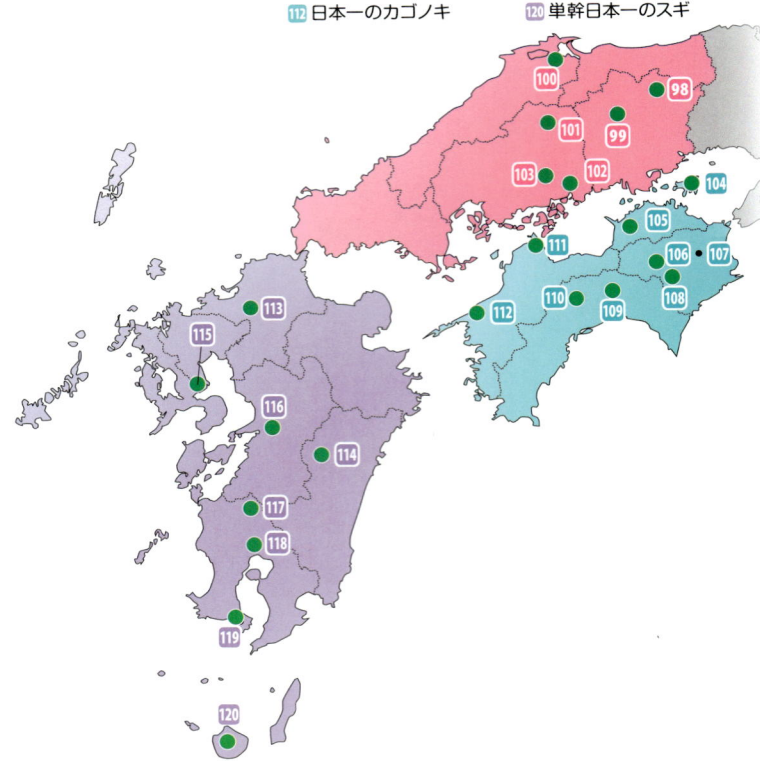

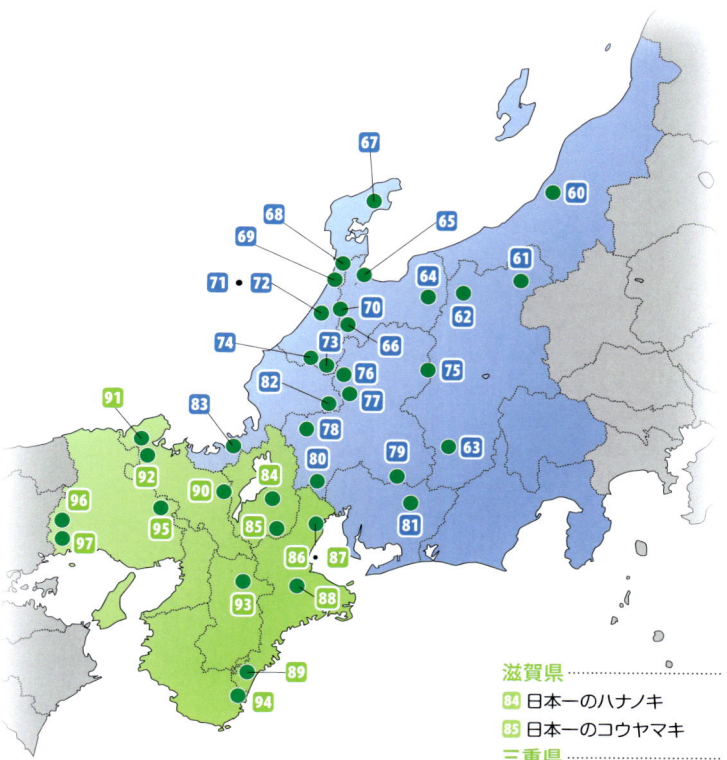

新潟県
- 60 日本一のエノキ

長野県
- 61 日本一のシナノキ
- 62 日本一のイヌザクラ
- 63 日本一のミズナラ

富山県
- 64 幹周日本一のスギ
- 65 日本一の雌株イチョウ
- 66 日本一のサワグルミ

石川県
- 67 日本一のタイサンボク
- 68 日本一の菊桜
- 69 日本一のナンテン
- 70 日本一のヤブツバキ
- 71 日本一の根上り松
- 72 日本一のドウダンツツジ
- 73 巨大感日本一のカツラ
- 74 日本一のトチノキ

岐阜県
- 75 日本一のコブシ
- 76 日本一の親杉
- 77 日本一タイのイロハモミジ
- 78 日本一タイのエドヒガン
- 79 日本一のアベマキ
- 80 日本一のサカキ

愛知県
- 81 日本一のアカガシ

福井県
- 82 日本一奇怪なヒノキ
- 83 日本一雄大な松

滋賀県
- 84 日本一のハナノキ
- 85 日本一のコウヤマキ

三重県
- 86 日本一のモッコク
- 87 日本一のクロマツ
- 88 日本一のサザンカ
- 89 日本一のイヌマキ

京都府
- 90 日本一の台杉
- 91 日本一のムクロジ
- 92 日本一タイのヤブツバキ

奈良県
- 93 日本一の分岐杉

和歌山県
- 94 日本一のナギ

兵庫県
- 95 日本一のモミ
- 96 日本一のムクノキ
- 97 単幹日本一のイブキ

M式幹周測定法

　巨樹DBを見ると、「縄文杉」より幹周の大きな杉が8本掲載されている（2013年1月現在）。これでは日本一であるはずの「縄文杉」より大きい杉が存在することになり、何か変ではないかと思ったのが、幹周測定法に関心をもったきっかけであった。

　その8本すべてを調査すると、うち6本は分岐幹で、幹周は各々の幹の合計周であった。残り2本は、幹の凹凸に沿って測定された結果で実際に見た大きさは「縄文杉」にはるかに及ばないものであった。そこでより実態に即した数字が出る測定方法はないものかと試行錯誤した結果生まれたのが、M式測定法である。

　本書では、立入制限などで測定できない「縄文杉」などを除いて、可能な限りM式測定法で測定し、その結果を日本一の選考基準の柱とした。

測定の基本

　ほぼ水平な地面に直立する樹木の測定方法を以下に定義する。

　幹と根の境界線（以下地上と表記する）より1.3m地点までの最も細い部分に、幹の中心線に対して直角に巻尺を回し、ピンと張った状態で測定する。できれば3カ所測定し、測定値が異なる場合は中間値を採用する。

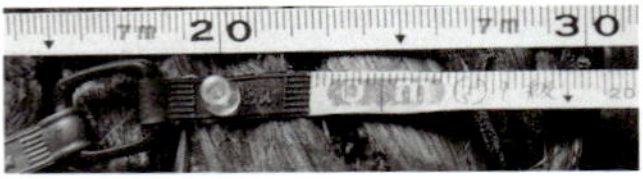

●測定方法のヒント
巻尺の端をピンで固定し、回す。

●幹周の表記方法
幹周 M 7.25 m （1.3 m　2011）
　　M式　幹周値　測定位置　測定年

用　語

幹周（みきしゅう）
幹の周囲の略語

株周（かぶしゅう）
株の周囲の略語

根周（ねしゅう）
根元周囲の略語

分岐幹（ぶんきかん）
地上1.3mまでに分岐する幹

単幹（たんかん）
地上1.3mまでに分岐しない幹

株立ち
根元で分岐する幹

測定部が膨らんだ樹形の測定

地上 1.3 m 地点が分岐やコブで膨らんだ樹木の本来の幹は、これより下部の最もくびれた部分である。よって、地上 1.3 m までの最もくびれた部分を測定する。

地上 1.3 m 地点を基準とする
従来多く行われていた測定位置

M 式測定位置

中心線

基準点

● 幹周の表記方法

幹周 M 6.2 m（0.3 m　2007）
　｜　　　｜　　　｜　　　｜
　M式　幹周値　測定位置　測定年

斜面に立つ樹木の測定

斜面に立つ樹木の測定は、できれば斜面の両側から行なう。幹の中心線を目視で決定し、地上 1.3 m 地点を中心線に直角に巻尺を回して測定する。

※従来は上部接地面 1.3 m 地点を測定した。この場合、広がる樹形では大きく、すぼまる樹形では小さく測定され、実感される大きさと開きが出てしまう。

従来多く
行われていた
測定位置

地上 1.3 m 地点
測定位置

基準点

幹の中心線

● 幹周の表記方法

幹周 M 5.90 m（1.3 m　2011）
　｜　　　｜　　　｜　　　｜
　M式　幹周値　測定位置　測定年

分岐幹の測定

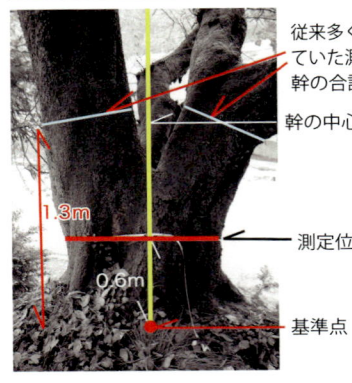

従来多く行われていた測定位置。幹の合計周
幹の中心線
1.3m
0.6m
測定位置
基準点

●幹周の表記方法

幹周 M 3.09 m （分岐 0.6 m　2011）
　M式　幹周値　樹形　測定位置　測定年

分岐幹の測定法は、これまで各々の幹周を合計するのが一般的であったが、この測定法では著しく実態とかけ離れた数字が出てしまう。

分岐幹の樹木の場合、本来の幹周を表現しているのは、根元の最もくびれた部分である。よって、地上1.3 m以下の最もくびれた部分を測定し、分岐として表記する。

崖下に伸びる樹木の測定

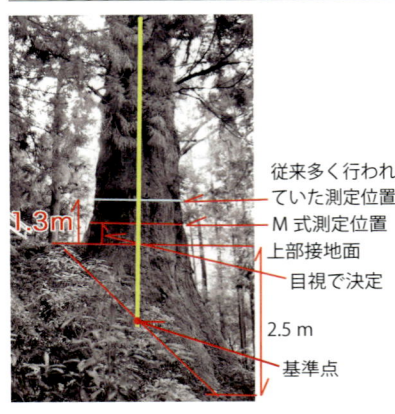

従来多く行われていた測定位置
M式測定位置
1.3m
上部接地面
目視で決定
2.5 m
基準点

●幹周の表記方法

幹周 M 7.90 m （上部 0.2 m　2011）
　M式　幹周値　測定位置　　測定年

基準点より1.3 m地点が崖などになり、測定不能の場合、上部接地面より少し上部の、幹の実態を反映できる地点から、幹の中心線に直角に巻尺を回して測定する。

多くの場合、手が届かないため、高枝切鋏などの道具を利用して巻尺を回す。上部接地面からの位置を記録する。

※従来は上部接地面1.3 m地点を測定したため、実態と異なる結果が出ていた。

株立ち、または根の集合体の樹木の測定

測定位置

●株周の表記方法
株周 M 16.0 m（1.3 m　2007）
　M式　株周値　測定位置　測定年

　地上1.3 m以下で分岐する樹木、いわゆる株立ちや、根の集合体で幹が形成される樹木、根と幹との分岐点が明確でない樹木の場合、地上1.3 mまでの最もくびれた部分の株周を測定し、株周として表記する。

巨大化しない樹木の測定

測定位置

●幹周の表記方法
幹周 M 0.62 m（0.3 m　2012）
　M式　幹周値　測定位置　測定年

　環境省の巨木調査では、幹周3 m以上を調査の対象とした。しかし、日本には3 m以上成長しない樹種の方が圧倒的に多い。そのため、多くの高樹齢の樹木が未調査のままになっている。高樹齢でも幹が成長しない樹木の場合、地上1.3 m地点は枝のように細くなって、これまでの測定方法がなじまない。

　巨大化しない樹種の場合では、最もその樹木の幹周を反映していると思われる部分を測定し、記録する。

❶ 北海道 言問(ことと)いの松(まつ)

北海道記念保護樹木

日本最北端の巨木――風雪に耐える歴史の生き証人

最果ての地に凛々しく立つ。2007.9.17 撮影

【樹種】イチイ 　【学名】*Taxus cuspidata*
【特徴】イチイ科の常緑高木の針葉樹、北海道〜九州に分布
【幹周】M 4.22 m（1.3 m　2007）　【樹高】14 m　【推定樹齢】1,200 年
【所在地】北海道天塩郡豊富町沼向

日本最南端や最高峰にある巨木の特定が困難な中、最北端の巨木は明確に特定される。

　北海道の北部、天塩川から稚内までの約50kmは、サロベツ原野として知られ、標高数mの原野が延々と続く荒涼とした一帯。巨木の存在とは無縁と思われる北の大地に、こつ然とそびえるイチイの巨木がある。その名前を「言問の松」という。実に奇妙な名前だ。推定樹齢1,200年といわれ、この老木に聞けば何でもわかるという意味だ。これより南にある巨木は40kmほど東南にある「16線沢のハルニレ」で、その次が有名な士別の「祖神の松」である。およそ100kmもの区間に巨木が3本しかない。これが北の大地の神秘でもあろう。

　「言問の松」がなぜ原野の中央に1,200年もの長きにわたって生き長らえてきたのかは、今もって謎である。日本列島の自然の神秘を知る上でも、重要な存在といえる。

　吹き曝しの原野に立ち、強風から守るための巨大なフェンスに囲まれる。このような保護状態の巨木も稀な存在だ。

◀全景。巨大なフェンスに囲まれて立つ

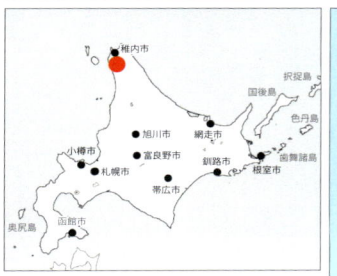

【アクセス】
国道40号線、稚内の南20kmで、県道1118号線へ入り、宗谷本線をまたいで、しばらく進むと畑の中に立つ。

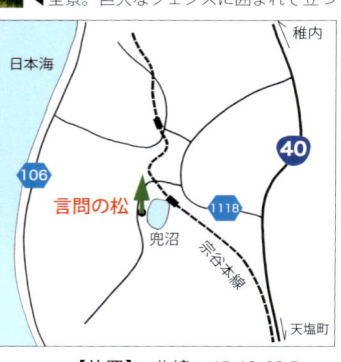

【位置】　北緯　45-13-02.5
　　　　　東経　141-40-41.7

日本一のイチイ──北の大地にそびえる美麗樹

② 北海道

黄金水松（こがねみずまつ）

道指定天然記念物

北海道ではイチイを水松とかオンコと呼ぶ。2007.9.17 撮影

【樹種】イチイ 　【学名】*Taxus cuspidata*
【特徴】イチイ科の常緑高木の針葉樹、北海道～九州に分布
【幹周】M 6.20 m（1.3 m　2007）　【樹高】22 m　【推定樹齢】3,000 年
【所在地】北海道芦別市黄金町黄金水松公園

日本最大のイチイは岐阜県荘川村の「治郎兵衛のイチイ」とされていた。その根拠は、巨樹 DB での幹周が 7.95 m だったからだが、このイチイは見た目にも小さい。2008 年、許可を得て測定すると、地上 1.3 m で幹周 6.87 m、しかも、根元がくびれているので M 式では幹周 5.43 m（0.3 m）となり、実感する大きさの結果が出た。樹形も 10 本の細い分岐幹が癒着したように見える。結果、日本一のイチイは不明になった。

　全国のイチイの巨木には、幹周 6 m 以上の有力な 1 位候補が 5 本ある。これらを 2007 年から 2008 年にかけて調査した。その結果は実に悩ましいものとなった。

● 岐阜県宮村「宮の大イチイ（ツメタのイチイ）」幹周 6.90 m との報告だが、幹周 M 6.71 m（上部 0.5 m）、内部空洞化が進んでいる。
● 北海道芦別市「黄金水松」は珍しく報告値と同じ幹周 M 6.2 m（1.3 m）で、美しい単幹樹で樹勢もよい。
● 北海道士別市「祖神の松」幹周 7.5 m との報告だが、実際は背後の分岐幹が破損して、幹周 M 5.2 m（上部 0.1 m）
● 長野県鬼無里村「新井のイチイ」幹周 6.5 m との報告だが、幹周 M 6.9 m（1.3 m）、2 m で 4 分岐し、樹形に難。
● 長野県戸隠町「平出の夫婦栂」双方とも分岐幹。幹周 6.45 m との報告だが、幹周 M 6.85 m（1.3 m）、1.5 m で 2 分岐する。

　「祖神の松」は選外になり、「新井のイチイ」と「平出の夫婦栂」は分岐幹で、巨大感はない。問題は単幹の「黄金水松」と「宮の大イチイ」である。「宮の大イチイ」は、主幹上部に寄生した大きなカツラ？が内部まで浸透し、空洞化が激しい。樹勢に問題があり、幹周では少し劣るが、日本一はこの「黄金水松」としたい。

▲岐阜県「宮の大イチイ」も巨大

日本一のヒノキアスナロ —— 天をも貫く12の天剣

3 青森県

十二本ヤス

市指定天然記念物

まるで青銅器を思わせるような樹肌に圧倒される。2008.11.18 撮影

【樹種】ヒノキアスナロ（ヒバ）　【学名】*Thujopsis dolabrata* var. *hondae*
【特徴】ヒノキ科の常緑高木の針葉樹、アスナロの変種で北海道〜本州北部に分布
【幹周】M 7.13 m（1.3 m 2008）【樹高】27 m　【推定樹齢】500 年
【所在地】青森県五所川原市金木町喜良市字相野山

日本一のヒノキアスナロは「十二本ヤス」という奇妙な名前だ。上部で12分岐し、分岐幹は美しい一本樹である。これが魚を突くヤスに似ていることから命名されたという。幹周はM 7.13 mであるが、太くなった分岐部を地上に描いて測定すると12 mある。これが巨大に見える原因だ。背後に回ると樹形が一変し、まるで青銅器を見ているような樹肌をしていて、圧倒的な迫力がある。

　金木町は太宰治の生家がある町として知られる。この「十二本ヤス」は町の東方10 kmほどの谷間にあり、所々に案内板があるが少々わかりにくく、何度も足を運んだが、入口で迷うことが多い。

　巨樹DBのヒノキアスナロの報告は47件あり、幹周7 mを超えるものは「十二本ヤス」のみで、単独1位である。

　その他の幹周6 mを超えるヒノキアスナロは、
- 青森県むつ市「脇野沢の千年ヒバ」は幹周6.2 m。
- 岩手県「野田村のヒノキアスナロ」は幹周6.3 mの分岐幹（倒木）。

◀別の角度からの眺め。12本の分岐幹が直立し、魚を突くヤスを連想させる。

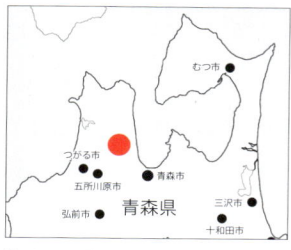

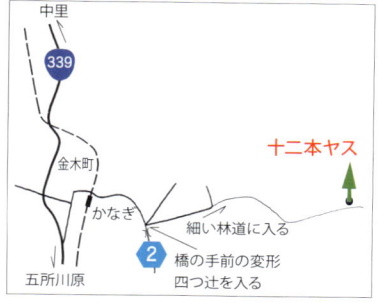

【アクセス】
金木から県道2号線で喜良市に向かい、橋の手前の変形交差点を左折、直進し、細い林道に入る。標識があり、山道を少し登ると立つ。

【位置】　北緯　40-54-56
　　　　　東経　140-31-16

日本一のイチョウ——全種の中でも日本最大

❹ 青森県 北金ケ沢(きたかねさわ)のイチョウ

国指定天然記念物

日本屈指の怪樹で、日本最大の巨木でもある。2008.11.19 撮影

【樹種】イチョウ 【学名】*Ginkgo biloba*
【特徴】イチョウ科の落葉高木の広葉樹、中国原産。雌雄異株で、本樹は雄株。
【幹周】M 21.1 m (0.5 m 2008) 【樹高】40 m 【推定樹齢】1,000 年
【所在地】青森県西津軽郡深浦町北金ヶ沢字塩見形

このイチョウは、すべての樹種の中、巨大感で日本最大である。大木のたとえに、1本の木で森を形成するといわれるが、このイチョウはまさに"森"である。あまりに巨大で、最初樹下に立ったとき、全体の樹形がすぐに理解できなかったほど複雑であった。

　これほどの巨木が、日本一であると認識されたのは極めて最近のことである。1982年に発刊された『石川県の巨樹』では、イチョウの日本一は岩手県の「長泉寺の大イチョウ」とされ、「北金ケ沢のイチョウ」は幹周は何と12.9 mで2位にランクされている。どうしてこのような事態になったのかはいまだに謎である。

　2年後に発刊された『日本の天然記念物』にも登場せず、1999年に発刊された『巨樹・巨木』で初めて幹周20 mと紹介される。キャプションで「環境庁の調査ではもれているが、本書のランキングでは一位」との記述があることから、ようやく日本一のイチョウの認識が得られた。

　イチョウはもともと日本にあった樹木ではなく、中国から仏教伝来とともに伝えられたといわれている。その経緯からすると樹齢1,500年以上のイチョウは存在しないことになる。ところが、このイチョウの幹周はM 21.1 mある。このような巨木が1,500年以内で形成されるものであろうか。実に謎多きイチョウだ。

　ちなみに、2008年から全国のイチョウをM式で測定した結果、巨樹DBとはずい分異なった結果が出た。2位から5位までは、
●徳島県上板町「乳保神社のイチョウ」幹周16.07 m。
●熊本県美里町「福城寺のイチョウ」幹周15.25 m。
●青森県百石町「根岸のイチョウ」幹周15.0 m。
●岩手県久慈市「長泉寺の大イチョウ」幹周14.7 m。

▲人物と比較すると、いかに大きいかがわかる。　人物

【位置】
北緯　40-44-59.1
東経　140-05-17.6
【アクセス】
きたかねがさわ駅に向かい、すぐ左折、突き当りに立つ。

5 青森県 弘前公園のソメイヨシノ

日本一のソメイヨシノ——クローン樹木として日本最大

現在も5月上旬には花を咲かせるという。2010.8.30 撮影

【樹種】ソメイヨシノ 　【学名】*Prunus × yedoensis* 'Somei-yoshino'
【特徴】バラ科の落葉高木の広葉樹。エドヒガンとオオシマザクラの雑種起源とされる。
【幹周】M 5.3 m（1.3 m 2010）　【樹高】10 m　【推定樹齢】110 年
【所在地】青森県弘前市弘前公園

単幹で日本一のソメイヨシノは、青森県の弘前公園にある緑の相談所の中庭に立っている。植えられた時期は明確ではないが、少なくとも、1901（明治34）年には植えられていたというから、樹齢110年以上である。幹周5.3m、樹高10m、地上1.3m、大小3分岐する樹形で、先端に衰えは見られるものの、花はいまだにつけて健在だ。

　ソメイヨシノはオオシマザクラとエドヒガンの雑種起源といわれ、種子ができないためすべてクローンである。日本最古のソメイヨシノも、園内の中央あたり、元与力番所横にある。

　その他、寿命60年といわれているソメイヨシノの中でも長寿で有名なものを列挙すると、
- 茨城県土浦市の真鍋小学校の「真鍋の桜」の最大木が幹周5.1m。
- 宮城県大河原町の白石川堤の一目千本桜の中で、地元で日本一のソメイヨシノとされるものは、幹周4.85m。
- 千葉県市原市の市西小学校の百年桜は幹周4.0mで、樹齢110年。
- 群馬県の世良田東照宮のソメイヨシノは幹周3.6m。
- 秋田県「寺沢の桜並木」のうち最大のソメイヨシノは分岐幹で、合計周5.7m。
- 石川県金沢市金沢城址のソメイヨシノは株周5.2m。

　弘前城は1611（慶長16）年に築かれ、明治維新まで津軽藩4万5千石の居城であった。城に桜が植えられたのは、1715（正徳5）年に京都から持ち込んだ25本の苗木が最初で、今でも10本ほど生き残っているという。その後も城内に桜が植え続けられ、今では3,000本の桜があるという。ゴールデンウィークあたりに「さくらまつり」があり、期間中100万人の人出があるというから驚きだ。

◀日本最古のソメイヨシノ

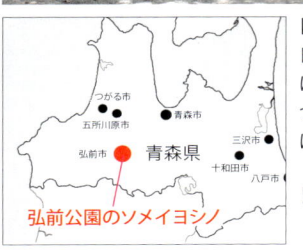

弘前公園のソメイヨシノ

【アクセス】
日本一のソメイヨシノは弘前駅から約2kmにある弘前公園内、緑の相談所の中庭に立つ。日本最古のソメイヨシノは与力番所横に立つ。

【位置】　北緯　40-36-30.3
　　　　　東経　140-27-51.1

❻ 青森県 森の神(もりのかみ)

単幹日本一タイのブナ —— 森の神にふさわしい堂々たる樹形

堂々たるブナの単幹樹は、まさに森の神だ。2009.10.4 撮影

【樹種】ブナ　【学名】*Fagus crenata*
【特徴】ブナ科の落葉高木の広葉樹。北海道〜九州に分布
【幹周】M 5.73 m（1.3 m 2009）【樹高】30 m　【推定樹齢】400 年
【所在地】青森県十和田市奥瀬

これまで単幹日本一のブナとされていた静岡県の函南原生林にあった幹周 6.4 m のブナが倒木し、単幹日本一のブナが不明確になっていたが、2007 年「森の神」といわれる単幹日本一のブナが発見された。ところが、最近福島県只見の山中で発見された「塩沢のブナ」(p.52) を 2012 年に調査すると、幹周においてわずかに大きいことが判明した。しかし、その差は誤差の範囲として「森の神」を単幹日本一タイのブナとした。

　「森の神」の発見場所は意外にも道路から 200 m 入った林の中。この場所は、十和田湖に近い奥瀬と呼ばれる原生林で、平坦になった場所に生えていたことで巨大化し、上部で 3 分岐していたことから伐採を逃れたといわれている。主幹がまっすぐに伸びた樹形は、積雪で変形しやすいブナとしては珍しい樹形で、品格がある。森の神としても実にふさわしい風格を備えているといえよう。ちなみに、「森の神」の幹周は 6.01 m とされるが、M 式測定法では 5.73 m。塩沢のブナは幹周 5.82 m であった。

● 山形県最上川近くで発見された「土湯のコブブナ」は幹周 6.35 m の単幹ブナだが、測定部に大きなコブがあるもの。

● 長野県の天狗原山の登山口からしばらく登ったところにあるブナは幹周 6.08 m である。これは、測定部が谷側に異様に膨らんだボーリングのピンのような樹形の単幹ブナで、樹形から 1 位を見送った。

● 石川県のブナオ山中腹にあった「ブナオ山の大ブナ」幹周 6.08 m も分岐幹が折れ、幹周が少し小さくなって M 5.8 m。

● 福島県の高曽根山の中腹で幹周 5.7 m の単幹ブナが発見された。日本一に限りなく近い見事な単幹ブナである。

▲石川県「ブナオ山の大ブナ」

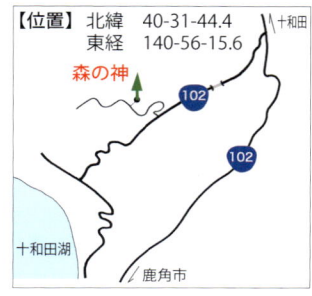

【アクセス】
十和田湖から十和田に向かう国道 102 号線の北側道路、南股林道に入り 1.8 km、案内クマが立っている。

駒木のアンズ

7 青森県 日本一のアンズ——由来不明の謎の巨大果樹

苔むす主幹は古木の風格漂い、一見何の木かわからない。2012.5.13 撮影

【樹種】アンズ 【学名】*Armeniaca vulgaris* var. *ansu*
【特徴】バラ科の落葉小低木の広葉樹。中国原産。
【幹周】M 3.22 m(分岐 0.3 m 2012) 【樹高】18 m 【樹齢】不明
【所在地】青森県三戸郡三戸町梅内駒木

アンズは古代に中国から渡来し、果樹として広く栽培されている樹木である。果実は直径 3 cm ほどで、黄色に熟して美味しい。幹に害虫が入りやすく、巨木になる前に枯れる場合が多く、アンズの巨木の報告例はまったくなかった。その意味でこのアンズは稀有な巨木である。現在はリンゴとサクランボの果樹園の中に生育しているが、現在の園主が果樹園を始める以前は杉林であったという。杉を伐採してこのアンズが発見された。それゆえ、このアンズの樹齢など由来はまったく不明である。

　地上 1.1 m で大小 2 分岐し、主幹は 3 m で 4 分岐、幹にコブが多く、内部は空洞化している。正面の主幹は苔むし、古木の風格が漂い、背後に回ると樹形が一変、荒々しいコブだらけの姿に変身する。同じ木とは思えない。分岐幹にも巨大なコブがいくつも形成され、実に異様な樹形をしている。

　巨樹 DB には他に 2 例ある。
●岩手県遠野市、幹周 3.5 m は枯死。
●長野県更埴市「アンズの里の古木」
　幹周 M 2.65 m。

▲「駒木のアンズ」後ろ側。コブが多い。　▲長野県「アンズの里の古木」

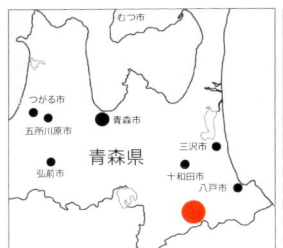

【アクセス】
果樹園内のため非公開

⑧ 日本一のポプラ──野球少年を見守るグランドの主

岩手県 福岡中学校のポプラ

これがポプラの木とは思えないほどの迫力がある。2010.9.7 撮影

【樹種】ヨーロッパクロヤマナラシ（クロポプラ）　【学名】*Populus nigra*
【特徴】ヤナギ科の落葉高木の広葉樹、ヨーロッパ原産。
【幹周】M 6.90 m（1.3 m 2010）　【樹高】20 m　【推定樹齢】100 年
【所在地】岩手県二戸市福岡字下川　福岡中学校

日本一のポプラは意外にも北海道ではなく、岩手県にあった。ポプラといえば、北海道の原風景にもなっている樹木で、これはクロポプラという樹種である。新宿御苑のポプラはクロポプラの変種で、イタリアポプラである。また、東京の街路樹として植えられているものは、樹高が低く、暑さに強い北アメリカ原産のカロリナポプラである。巨木の場合、これらは区別しないことにする。ポプラは樹形がヨーロッパの雰囲気をもっていて、好まれて明治期に多く輸入され植えられた。

　福岡中学校のポプラは、明確ではないが葉の形からクロポプラであろう。中学校の設立が1947年で、ポプラは樹齢100年ほどと見た。設立当時すでにこの地にあったものと思われるが、詳細な経緯は定かでない。

　グランドの片隅、野球場バックネットの裏に立っている。地上3mで3分岐し、縦にしわが多い。上部で枝が大きく切断されているが、腐食もなく、新芽が多数出て勢いを感じさせる。一見イチョウの木のように見える巨木である。ポプラには案内板や標識がまったくない。関係者も日本一の事実を認識されていないようで、ぜひ大切に守っていただきたいものだ。

◀全景。グランドの片隅に忘れ去られたように立っている。

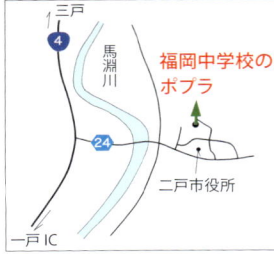

【アクセス】
一戸インターから二戸市役所の北側の細い道を進むと中学校。一段高いグランドに立つ。（立入要許可）

【位置】
北緯　40-16-19.6
東経　141-18-22.1

❾ 日本一のオオヤマザクラ——満開に出会うは奇跡

岩手県

七時雨山(ななしぐれやま)のオオヤマザクラ

巨大な主幹は様々な過程を経て成長したことを物語る。2012.5.13 撮影

【樹種】オオヤマザクラ 【学名】*Prunus sargentii*
【特徴】バラ科の落葉高木の広葉樹、北海道〜四国に分布。
【幹周】M 5.69 m(1.3 m 2012) 【樹高】15 m 【推定樹齢】400 年
【所在地】岩手県二戸市安代町田代平高原

オオヤマザクラは中部地方では標高 1,000 m ほどの山中にあり、主として東北から北海道にかけて分布する。ヤマザクラほど大きくならず、花色が濃いものが一般的で、ヤマザクラとは花柄が分岐しないことで識別される。

　これまで日本一とされてきたのは群馬県片品村の「天王桜」で幹周 5.33 m。ところが、近年この「七時雨山のオオヤマザクラ」が幹周 6.69 m と報告され、脚光をあびた。2012 年の花の頃に調査をすると、M 5.69 m あることがわかり、日本一とした。報告値は上部接地面より 1.3 m 地点を測定した数字で、この位置は幹が大きく広がった部分に当たる。

　オオヤマザクラは放牧場内にあり、共有地という。そのため、農道へ車の立入りはできない。手前にある山荘前に車を止めて歩くことになる。

　背後にラクダの背のような山並の七時雨山があり、広大な緑の放牧場の中、オオヤマザクラのロケーションは申し分ない。地上 1.5 m で 4 分岐、内 1 本は太い不定根をおろし、複雑な成長過程を辿ったことを物語っている。オオヤマザクラの花は、一瞬にして開いて散るので、満開に出会うのは奇跡のようだといわれる。

▲全景。ロケーションは申し分ない。

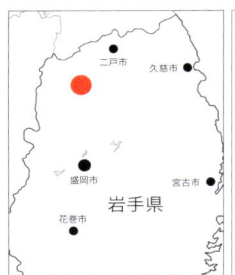
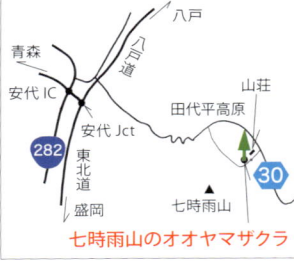

【アクセス】
安代インターから県道 30 号線に入り、田代平高原に向かい、山荘前に車を止め、放牧場内を 200 m で立つ。

【位置】　北緯　40-04-58.5
　　　　　東経　141-07-41.9

10 岩手県
勝源院の逆ガシワ
日本一のカシワ——庭師の仕事の最高傑作

国指定天然記念物

大蛇のように這う姿は圧巻だ。2007.9.30 撮影

【樹種】カシワ　【学名】*Quercus dentata*
【特徴】ブナ科の落葉高木の広葉樹、北海道〜九州に分布。
【幹周】6.86 m　【樹高】15 m　【推定樹齢】300 年
【所在地】岩手県紫波郡紫波町日詰

　日本一のカシワの選定はなかなか厄介だ。単幹日本一のカシワを名乗るのは、青森県五戸町の「上村のカシワの木」と北海道北見市端野町の「緋牛内の大カシワ」だ。それぞれ幹周が 5 m ある立派なカシワである。ところが、分岐幹だが、岩手県にあるこの「勝源院の逆さガシワ」は、壮大さにおいて他の追随を許さないカシワで、筆者はこちらを日本一のカシワに選定した。

　勝源院は美しい寺である。車の多い国道沿いであるが、杉並木の続く参道の先に古い山門があり、歴史を感じさせてくれる。逆ガシワという珍しい名前の巨木は、本堂裏の広い庭園の中心にあり、庭全体を覆うよ

うに、南北25m、東西30mという実に壮大な巨木である。根元から4分岐、分岐幹は水平に広がり、見事な樹形をつくっている。根元は美しい緑の苔と羊歯に覆われ、野趣にあふれ、柏餅で見慣れたカシワの枯れた葉がその上に落ちて、色彩にも落ち着いた雰囲気があった。背景は大きな杉の茂る山並が続き、実に絵のような光景だ。本堂の黒色の瓦屋根も美しく、建築と雄大な庭園を設計した先人の才能にただ脱帽する。

【位置】
北緯　39-33-35.6
東経　141-09-58.7

【アクセス】
国道沿いに勝源院があり、カシワは寺の中庭に立つ。（立入要許可）

▲単幹なら日本一「上村のカシワの木」

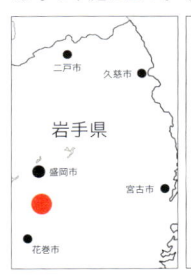
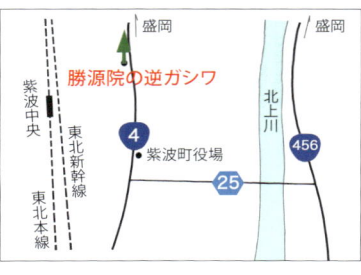

11 秋田県 きみまち杉(すぎ)

樹高日本一の一本杉 —— 先端かすみ天にも届く直通幹

天空に突き刺すように伸びる姿が神々しい。2007.10.4 撮影

【樹種】スギ　【学名】*Cryptomeria japonica*
【特徴】ヒノキ科の常緑高木の針葉樹、本州〜九州に分布。
【幹周】M 5.0 m　【樹高】58 m　【推定樹齢】250 年
【所在地】秋田県能代市二ツ井町仁鮒水沢スギ植物群落保護林

日本一の樹高を誇る一本杉は「きみまち杉」という雅な名前をもっている。この杉は、秋田杉の群生地として知られる仁鮒水沢スギ植物群落保護林の中にある。樹高は1995年当時58mと記録されている。秋田森林管理署が全国の営林局を通じて巨木調査を実施し、さらに文献などを調べて日本一と判明したという。実際の測定は、木の頂上まで登って正確に測定された。

　巨樹DBには樹高60mを超える杉が70本近く存在する。それらすべて関係者に再調査を依頼した結果、どれも58m以上なかった。

　巨木名の由来は、二ツ井町の桜の名所「きみまち阪」にちなむ。1881（明治14）年に明治天皇が東北を巡幸された際に、皇后が「大宮の　うちにありても　あつき日を　いかなる山か　君はこゆらむ」という和歌をしたためた手紙を出し、この坂で天皇を待っていたということからそう呼ばれたという。

　国道285号線の小沢田から8km、県道沿いに保護林の案内板があり、入口から滑りやすい木道と木製の階段を進むと、見上げるような高さの杉の美林がある。秋田杉は木曽ヒノキ、青森ヒバとともに日本三大美林として有名だ。木材は今から400年以前の江戸時代は慶長頃から関西方面にも運搬されたという。ほとんど狂いのないほどに直立し、一本杉としては完成度が極めて高い品種である。保護林内には樹齢180〜300年の杉が2,812本あるという。

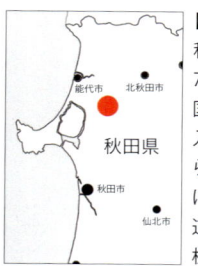

【アクセス】
秋田市から国道7号線を北上し、国道285号線に入り、小沢田から県道203号線に入って8km、道路沿いに案内板がある。

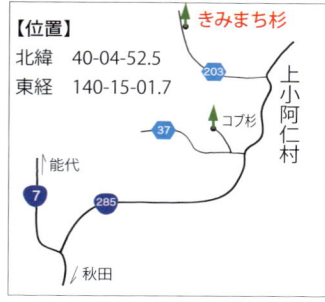

【位置】
北緯　40-04-52.5
東経　140-15-01.7

▲愛知県「鳳来寺の傘杉」。地元では高さ日本一の一本杉といわれている。

日本一タイのクリ──日本一を静かに競う深山の主

12 秋田県 白岩岳(しろいわだけ)のクリ

人気のまったくない深山にたたずむ孤高の大クリ。2009.10.4 撮影

【樹種】シバグリ（クリ）　【学名】*Castanea crenata*
【特徴】ブナ科の落葉高木の広葉樹、北海道〜九州に分布。
【幹周】M 8.03 m（1.0 m　2009）　【樹高】20 m　【推定樹齢】800 年
【所在地】秋田県仙北市角館町白岩岳中腹

このクリの発見当時発表された幹周は 8.1 m で、日本一のクリとされたが、その後山形県の「大井沢の大クリ」（p.48）が幹周 8.5 m と発表されていったん日本一の座を降りた。

　ところが 2008 年に「大井沢の大クリ」を調査、M 式で計測すると 8.02 m で、「白岩岳の大クリ」がやはり日本一だったかと思われた。

　2009 年に「白岩岳の大クリ」の調査を行った。幹周 M 8.03 m。背後にアテを巻き込んでいるので多少太くなり、結局「大井沢の大クリ」と同格日本一と判断した。

　この大クリは、百尋の滝のある行太沢の右尾根山中にある。左尾根にかつて日本一とされた「白岩岳のブナ」（p.53）がある。

　山道は崩壊し、クリまでの尾根にはほとんど道がなく危険なため、残念ながらアクセスできない。

▲背面。アテが取り込まれるように立っている。

▲かつて日本一とされた岩手県軽米町「市野々の大クリ」幹周 M 6.8 m

【アクセス】　道がなく危険なためアクセス不可

日本一のサイカチ──かつての旅人の道しるべ

⑬ 青森県

一里塚(いちりづか)のサイカチ

市指定天然記念物

かつて旅人の目印になった木も、今は人知れず立つ。2007.9.13 撮影

【樹種】サイカチ　【学名】*Gleditsia japonica*
【特徴】マメ科の落葉高木の広葉樹、本州〜九州に分布。
【幹周】M 7.25 m（1.3 m 2007）　【樹高】15 m　【推定樹齢】400 年
【所在地】秋田県大仙市豊岡字十六沢

サイカチは「皂莢」と書き、マメ科の落葉樹である。豆果は長さ30cmほどの捩れたさやに入って、昔は石鹸の代用にしたという。かつての日本一は神奈川県横須賀市のサイカチで、幹周7.9mあったが近年伐採され、日本一が不明になっていた。

　2007年9月、白岩岳のブナ調査に向かった折り、偶然このサイカチの前を通りかかり、あまりに大きさに驚いて撮影と測定をしておいた。後日、サイカチの資料を当たっても、これ以上のサイカチが見当たらない。日本一のサイカチとの、偶然の巡り合わせであった。

　1603（慶長6）年、江戸幕府の命により、重要道路を整備して、一里塚を築くよう定められた。羽州街道はケヤキが植えられ、脇街道であるこの白岩街道にはサイカチが植えられた。この一里塚は六郷一里塚から数えて7つ目の一里塚で、推定樹齢は400年である。

　幹周M7.25m（1.3m）、地上2mで多数に分岐し、幹には特有の刺が多数発生している。根元に小さな石があり、これが一里塚の標識なのかもしれない。道路の反対側に達するほどの樹冠に成長した、堂々たるサイカチである。2位以下は次の通り。

- 岩手県一関市「京ノ沢のサイカチ」幹周6.6m。
- 山形市「霞城公園のサイカチ」幹周6.5m。
- 岩手県花巻市「町井のサイカチ」幹周6.4m。
- 青森県階上町「平野家のサイカチ」幹周6.4mの分岐幹。
- 長野県辰野町「宿の平のサイカチ」幹周6.06mの分岐幹。

◀遠景

【アクセス】
横手市の北、旧中仙町の県道50号線沿い、十六沢城址へ向かう交差点より100mほど南。

【位置】
北緯　39-34-31.8
東経　140-36-58.1

⑭ 秋田県 川連(かわつら)のホオノキ

日本一のホオノキ——樹種のイメージを覆す巨大感

市指定天然記念物

ホオノキの化物。出会った最初の印象だ。2006.11.20 撮影

【樹種】ホオノキ　【学名】*Magnolia obovata*
【特徴】モクレン科の落葉高木の広葉樹、北海道〜九州に分布。6月頃白い良い香りの花をつけ、大きな葉は古くから食物を盛るのに使われた。
【幹周】M 10.7 m（1.3 m 2006）　【樹高】18 m　【推定樹齢】500年
【所在地】秋田県湯沢市秋ノ宮川連

秋田県の南端、巨木密集地帯として知られる山形県の北部に近い、神室山（むろさん）の麓に川連の小さな集落がある。国道から少し入り込んだ道を進むと、千代世神社という小さな社があり、その裏手に社を覆うようにホオノキが立っている。樹下に立つと、これがホオノキかと疑いたくなるほど大きい。M式で幹周を測定すると、10.7 mという結果が出た。何という巨大なホオノキだろうか。

　地上1.5 mから大きく3分岐する樹形で、樹勢はすこぶる旺盛だ。ホオノキが神社のご神木であるのは実に珍しい。

　社殿の狭い境内の片隅に、小さな祠、石仏、石碑があった。神室山は山岳宗教の山として知られ、今もホオノキの前を通って、多くの登山者が登るという。大きな日影をつくってくれるホオノキは、登山者の憩いの場所としての役割を果たしていたことであろう。

●奈良県宇陀市「戒場神社のホオノキ」幹周8.6 mは、現在幹周M 6.2 m。

　他の幹周の大きなホオノキはすべて株立ちで、幹の合計周である。
●秋田県湯沢市「高松のホオノキ」幹周15.5 m。
●岡山県新見市「ほおのき原のホオノキ」幹周8.0 m。

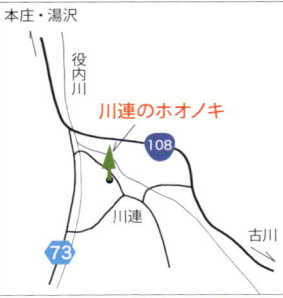

◀奈良県「戒場神社のホオノキ」

【位置】
北緯　38-58-51.5
東経　140-28-52.5

【アクセス】
湯沢市の国道108号線、湯沢から南下し、役内川にかかる新川井橋手前を右折し、すぐ細い道に左折、川を渡ってしばらく進むと立っている。

日本一のカツラ——常識を打ち破る株立ちの巨木

15 山形県 権現山の大カツラ

巨大過ぎて、人物を配して大きさを出すしかなかった。2010.5.8 撮影

【樹種】カツラ　【学名】*Cercidiphyllum japonicum*
【特徴】カツラ科落葉高木の広葉樹、北海道〜九州に分布。
【株周】M 19.3 m（1.3 m 2006）　【樹高】20 m　【推定樹齢】800 年
【所在地】山形県最上郡最上町権現山中腹

カツラは最初単幹樹であるが、大きくなるとひこ生えが周囲から出て、それが次々と大きくなり、環境がよければ周囲が 20 m を超えるものが出現する。中心の主幹部から次第に枯れ、最後は周囲を取囲むように幹が残る。

　巨樹 DB では、全国に 20 m を超えるカツラが 11 本あることになっている。2006 年から 3 年間で、全国巨樹・巨木林の会の調査により、株立ちが明瞭な青森県の「井戸股沢のカツラ」以外を調査した。その結果はすべて株立ちで、記録値のほとんどは実際より大きく記録されていた。細い枝のような幹も入れて測定したものか、記録値ほどの迫力はまったくなかった。

　その中で最も大きく感じたのがこの「権現山の大カツラ」であった。急な山の斜面に立ち、根元で分岐する 2 本の幹が主体で、細いひこ生えが周囲を取囲む樹形。2 本の主幹は上部で分岐するものの、通常の株立ちのカツラとは明らかに迫力が違う。公表値は 20 m だが、地上 1.3 m を細いひこ生えを除いて測定した結果、株周 19.3 m であった。カツラの場合、幹の本数や樹形によって大きさの実感が変わるので、単に幹周で大きさを競うことはできない。

　山形県新庄市の東、最上町の山中に「東法田の大アカマツ」(p.42)とこの「権現山の大カツラ」が接近して存在する。日本最大級の巨木が同じ地域に 2 本存在する稀な場所だ。

◀ 細い幹の集合体である、カツラの代表的な姿。兵庫県「糸井の千本カツラ」　株周 M 19.8 m

【位置】
北緯　　38-48-28
東経　　140-30-12.8

【アクセス】
県道 325 号線を北上、野頭から林道を直進すると標識があり、左手斜面を直登 30 分、急斜面に立つ。

⑯ 山形県 東法田(ひがしほうでん)の大(おお)アカマツ

日本一のアカマツ──松食い虫も恐れる山神様

県指定天然記念物

主幹の巨大さには圧倒される。2012.6.8 撮影

【樹種】アカマツ 【学名】*Pinus densiflora*
【特徴】マツ科の常緑高木の針葉樹、北海道〜九州に分布。
【幹周】M 7.10 m（0.3 m 2012） 【樹高】22 m 【推定樹齢】500 年
【所在地】山形県最上郡最上町東法田

日本一大きいアカマツとして知られていた、幹周 9 m の香川県志度町「岡の松」は 1993 年に枯れ、巨樹 DB で山形県の「山神様の大松」とされているマツが日本一の座についた。東法田集落を望む山中にあることから近年「東法田の大アカマツ」と呼んでいる。しかし、このアカマツも満身創痍の状態で、地上 3 m 辺りで 4 分岐する樹形だが、その内 1 本はすでに破損して、2012 年時点で、残った 3 本のうち、山側の直立する幹も白骨化。谷側 2 本の幹がかろうじて健在であった。

　公表幹周 7.5 m は、地上 1.3 m 地点の分岐によって膨らんだ部分を測定したもの。M 式では、根元近くの最もくびれた場所を測定するため、幹周 M 7.10 m。満身創痍の状態とはいえ、堂々とした風格が感じられる。

　最近になって、青森県田子町で「蛇王の松」と呼ばれる幹周 6.88 m というアカマツが報告された。この松も上部で分岐し、幹周の測定位置は分岐で膨らんだ部分を測定していて、M 式でくびれた部分の幹周は 5.34 m。その他には山梨県大月市の「浅利の御座松」幹周 7.0 m、これも M 式では 5.10 m となり、1 位には及ばない。

　徳島県つるぎ町奥大野に見事な単幹のアカマツがあり、幹周が M 式で 5.35 m。「東法田の大アカマツ」が枯れると、「奥大野のアカマツ」を日本一としてもいいと思う。

▲徳島県「奥大野のアカマツ」

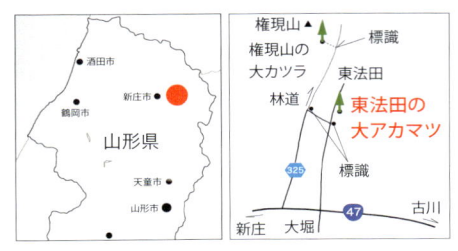

　新庄市の東、東法田集落のはずれ、畑の中に駐車スペースがある。ここから、畦道をたどって山道に入る。斜面を 5 分ほど登るとアカマツがある。根元に石造りの堂があり、山神様として祀られている。周辺にアカマツがまったくないので、松食い虫の伝染から逃れたものだろう。

【アクセス】
東法田に標識がある。麓の駐車スペースに車を止めて、畦道を山に進むと看板がある。登り 5 分。

【位置】
北緯　38-47-50
東経　140-30-45

日本一のシロヤナギ——お化けを連想させるヤナギの奇樹

17 山形県

津谷の大ヤナギ

村指定天然記念物

異様な立上がり方をする奇樹である。2007.9.10 撮影

【樹種】シロヤナギ 　【学名】*Salix dolichostyla* subsp. *dolichostyla*
【特徴】ヤナギ科の落葉高木の広葉樹、北海道〜中部地方以北に分布。
【株周】M 7.30 m（0.3 m 2007）【樹高】22 m 　【推定樹齢】130 年
【所在地】山形県最上郡戸沢村津谷大柳

日本には 30 種を超えるヤナギ科の樹木がある。それぞれに日本一のヤナギが存在することになるが、巨木になる種が限られていて、シダレヤナギ、バッコヤナギ、オノエヤナギ、ドロヤナギ、シロヤナギなどで巨木が報告されている。

- 一般的に知られたシダレヤナギでは、北海道新十津川町「新十津川農業高校のシダレヤナギ」幹周 5.4 m で日本一。
- バッコヤナギでは、北海道旭川市「北海道護国神社のバッコヤナギ」幹周 5 m で日本一。
- オノエヤナギでは、長野県千曲市「禅透院のオノエヤナギ」が幹周 6.2 m で日本一。
- ドロヤナギでは、十和田湖周辺の幹周 6.97 m という単幹樹が日本一。これは、青森県小幌内川の源流にある。

　日本一のシロヤナギは、伝承によれば、升形川の対岸にある岩清水集落の先祖の方が、江戸時代末期に植えたという。さすれば樹齢はさほど古いことにはならず、少々不思議である。シロヤナギは成長が格段に早いのかもしれない。

　地上 1.5 m で 2 分岐する。脇に根のような 2 本の細い幹が残っているのは、裏面から見るとその原因がはっきりわかる。幹内部が朽ち落ち、皮の一部が残ったものである。健在な頃は、朽ちた部分に幹があって、素晴らしい樹形をしていたことを伺わせる。主幹の幹周は 6.5 m で、この 2 本の細い幹との合計が 7.66 m で、公表幹周に近い。

◀全景

【位置】
北緯　38-43-47.4
東経　140-11-48.6

【アクセス】
国道 47 号線の最上川にかかる古口大橋を渡り、すぐ右折して最上川の堤防に出ると、新庄方向、水田の中に立つのが見える。

東根の大ケヤキ

18 山形県

日本一のケヤキ──子供も親しむ二又怪樹

ひがしね

国指定特別天然記念物

夕日の斜光が巨大感を醸し出す大ケヤキ。2008.11.15 撮影

【樹種】ケヤキ　【学名】*Zelkova serrata*
【特徴】ニレ科の落葉高木の広葉樹、本州〜九州に分布。
【株周】M 16.0 m（1.3 m 2009）　【樹高】28 m　【推定樹齢】1,500 年
【所在地】山形県東根市東根字元東根本丸

東根小学校前に立つ日本一の大ケヤキ。幹周の公表値が 12.6 m や 15.6 m など複数存在する。しかし、実際に見た印象ではもっと太い。そこで、2009 年に M 式測定法で測定した結果はちょうど 16.0 m。予想通りの結果で、文句なく日本一の大ケヤキである。しかし、樹形や空洞の状況から、合体木の可能性も指摘されている。

　地上 7 m で大きく 2 分岐し、根元には貫通した穴があく。道路側の大枝が近年折れ、中心部に亀裂が入って、補修のワイヤーが張られるなど、少々痛々しい。この樹下を子供達が毎日通るので、致し方ないだろう。

　もともとこの地は南北朝時代の武将、小田島長義が築いた東根城の本丸跡にあたり、かつては「はは槻（つき）」「ちち槻」と呼ばれていた 2 本の大ケヤキが並んでいたが、明治時代にちち槻が枯れたという。この地で育った子供達は、その日本一の大ケヤキを毎日眺めて育ってきた。さぞかし誇らしいに違いない。

　巨樹 DB の報告値で、全国のケヤキを検証してみよう。

● 1 位が秋田県大館市「出川のケヤキ」幹周 17.09 m だが、実際は何本もの幹の合計周である。

▲全景

● 2 位がこの「東根の大ケヤキ」で幹周は 15.6 m とされている。
● 3 位が福島県猪苗代町「天子のケヤキ」幹周 15.4 m だが、主幹が全壊状態。
　M 式測定法で全国のケヤキの巨木を測定した結果、2 位以下は次の通り。
● 2 位が大阪府能勢町「野間の大ケヤキ」幹周 M 13.54 m。（巨樹 DB では幹周 11.95 m）
● 3 位が長野県箕輪市「木下のケヤキ」幹周 M 13.33 m。（巨樹 DB では幹周 12.45 m）

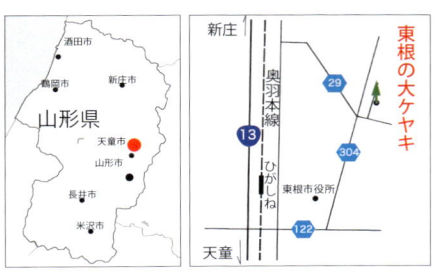

【位置】
北緯　38-26-30.9
東経　140-24-06.9
【アクセス】
東根の国道 13 号線から県道 122 号線に右折、1.3 km で左折し 1.8 km、案内板がある。細い町道に右折すると東根小学校前に立つ。

⑲ 日本一のクリ──巨大な塊状の主幹は大王の威厳

山形県

大井沢の大クリ

町指定天然記念物

シバグリとは思えないほどの巨大な主幹に巻きついたツタが紅葉する。2008.11.15 撮影

【樹種】シバグリ（クリ）　【学名】*Castanea crenata*
【特徴】ブナ科の落葉高木の広葉樹、北海道〜九州に分布。
【幹周】M 8.02 m（1.3 m 2008）　【樹高】15 m　【推定樹齢】800 年
【所在地】山形県西村山郡西川町大井沢

手元の資料によれば、1998年山形県西川町で、地元の長老からの情報を得て、幹周8.5 mのクリを確認したとある。人物も写った写真を見ると、まるでケヤキの大木を見るかのような大きさで、シバグリがかくも巨大になるものかと、目を疑いたくなるほどであった。

　記事のタイトルに、「日本一のクリを確認」とあることから、「白岩岳のクリ」（p.34）を抜いて日本一の座についたことがわかる。しかし、後日M式で測定した幹周により、両者を同格日本一とした。

　クリの日本一の座は、ここ20年ほどで何度も変遷してきた。筆者が巨木調査を始めた頃の日本一は、
●岩手県軽米町の「市野々の大クリ」（p.35）幹周M 6.8 mであった。
●その後、青森県むつ市の「薬研のおぐり」幹周M 7.8 mになって、
●上記の「白岩岳のクリ」
●そして、この「大井沢の大クリ」になった。
●福島県只見町に幹周M 7.78 mの「石伏旧若宮八幡宮の大クリ」もある。
　見た目に日本一のクリと遜色ない迫力ある巨木である。

　シバグリは山中にあることが多く、まだ巨大なシバグリが発見される期待は大きい。

▲全景

【アクセス】
月山インターを降り、県道27号線を南下、大井沢の集落の中央辺り、町道を手前右折して、すぐに左折して林道に入る。2 km登り、駐車スペースに止め、背後に踏み分け道があり、抜けると車の入れない林道に出て、その上のカーブを曲がると立っている。

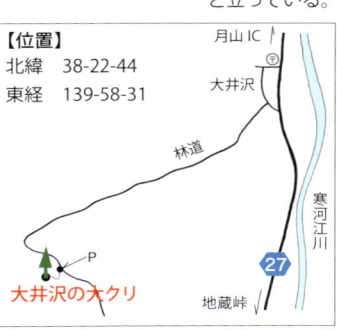

【位置】
北緯　38-22-44
東経　139-58-31

日本一のクロベ——地震にも耐えた 1,000 年の命

宮城県

小桧（こひのき）の千年（せんねん）クロベ

樹齢にふさわしい堂々たる偉容だ。2012.6.9 撮影

【樹種】クロベ（ネズコ）　【学名】*Thuja standishii*
【特徴】ヒノキ科の常緑高木の針葉樹、北海道、本州、四国に分布。
【幹周】M 10.01 m（1.3 m 2012）　【樹高】20 m　【推定樹齢】1,000 年
【所在地】宮城県栗原市花山字本沢小桧平

日本一のクロベの座は近年変遷を続けている。巨樹 DB では山形県の「岩神大権現のクロベ」が幹周 12.2 m で 1 位だが、これは根元が 2 分岐し樹形に難がある。次いで山形県上倉山の山頂近くで発見された「朝日のクロベ」が単幹で幹周 9.27 m あり、1 位と思われた。続いて発見されたのが幹周 10.00 m とされるこの「小桧の千年クロベ」である。

　さらにその後、長野県木島平村で幹周 10.82 m の「木島平の大ネズコ」や、富山県の黒部湖で幹周 10.43 m の「御山谷半島の大クロベ」が見い出された。幹周の比較だけでは大きい方が上になる。しかし、日本一の決定には、幹周を参考にしながら、樹形なども検討しなければならない。

　「木島平の大ネズコ」は雪国の尾根筋に見られる根元分岐幹の癒着型で、地上 2 m での分岐樹形。「御山谷半島の大クロベ」は、背後に岩を抱く樹形で、測定部が膨らんだもの。調査の結果から樹形と幹周を検討すると、日本一は「小桧の千年クロベ」となった。

　かつて林道からたどり着くことができたが、地震によって山道から迂回せざるを得なくなった。道も荒れ、たどり着くのも容易ではなくなったが、日本一のクロベだけの迫力があり、一見の価値がある。主幹が破損し、その部分が空洞化しているが、樹勢は極めて旺盛である。周辺に何本かクロベの巨木があるが、千年クロベが大き過ぎて見劣りする。

▲千年クロベへの入口目印のクロベ

【位置】　北緯　38-55-26.9
　　　　　東経　140-46-12.5

【アクセス】
湯浜温泉から片道 2 時間半。道は荒れている。入口は道がないため、目印のクロベに注意し、沢の手前数 m から藪に入って 50 m ほど。途中大きなクロベがある。

㉑ 単幹日本一のブナ——地元で密かに崇め守られる山の神

福島県

塩沢(しおざわ)のブナ

静かに立つ姿は神秘的でさえある。2012.6.10 撮影

【樹種】ブナ 【学名】*Fagus crenata*
【特徴】ブナ科の落葉高木の広葉樹、北海道〜九州に分布。
【幹周】M 5.82 m（1.3 m 2012） 【樹高】20 m 【推定樹齢】400 年
【所在地】福島県南会津郡只見町

只見町の自然愛好家が偶然に発見した単幹ブナの巨木である。道のない山中の急斜面に立つ。上部 6 m で 3 分岐するのは、「森の神」(p.22) と同じ樹形で、神が宿るとして伐採から逃れたものか。一般的に、樹齢 300 年を超え、幹周が 4 m に達したブナは、自然倒木するといわれている。その観点から、これだけの巨体ブナが存在すること自体が奇跡である。外形はほとんど損傷がないように見えるが、内部は空洞化して、いつ倒木してもおかしくない状態である。そのため、根元に立ち入ることや、周辺の環境を変化させることはそのまま倒木の原因に繋がるとして、地元では学術調査以外の立入りを許可していない。これだけのブナを見ることができないのは残念であるが、ブナを少しでも生かすためには致し方ない。

　発見時、上部接地面 1.3 m 地点を測定した結果 5.18 m と記されている。2012 年の M 式測定法では 5.82 m あることが判明して、「森の神」の幹周 M 5.73 m を抜いて単幹日本一のブナになった。しかし、この差は測定誤差の範疇で、両者とも樹形、品格、立地とも甲乙つけがたいブナとして、1 位に推したい。

　これまで、秋田県「白岩岳のブナ」や青森県「梵珠山のブナ」が日本一とされていたが、両者とも分岐部が異様に膨らむ樹形のために、幹周が巨大測定されたものである。ブナの場合、樹形や品格を重要視したいため、本書では各地で確認されている変形ブナは、除外することにした。

◀日本一のブナといわれる有名な秋田県「白岩岳のブナ」。今回、変形著しいブナとして、対象外にした。写真写りのよいブナであるが、側面から見ると細い樹形で、M 5.5 m（0.3 m）となり、数字の上からも及ばないことがわかる。青森県「梵珠山のブナ」も同様の樹形と考えられる。

● 塩沢のブナ　　福島県

【アクセス】
非公開

日本一のオオウラジロノキ——山人に憩いを与えた山りんご

22 福島県

大石田のおなかなし

町指定天然記念物

オオズミの木とは思えぬ怪樹である。2010.6.16 撮影

【樹種】オオウラジロノキ（オオズミ）　【学名】*Malus tschonoskii*
【特徴】バラ科の落葉高木の広葉樹、本州、四国、九州に分布。
【幹周】M 5.15 m（1.3 m 2010）【樹高】15 m　【推定樹齢】200 年
【所在地】福島県大沼郡三島町大石田

「おなかなし」とは変わった名前の樹木だが、樹種はオオウラジロノキである。地元では「山梨」とか「山りんご」などともいうらしい。「おなか」とは、共同の意味で、つまり「皆の山梨」ということだ。オオウラジロノキは葉の裏面に綿毛が密生し、白く見える。春に白い花を咲かせ、秋に直径2～3cmほどのヤマナシに似た小さな実をつける。実は黄色から紅色に熟し、甘酸っぱい。地元の人々は、夏の山仕事の折り、この樹下に集まってお昼をとり、下の清水でのどを潤したという。ご神木でもない広葉樹の巨木が伐採されずに残ったことは実に不思議なことで、集落の人々がいかに愛着をもっていたかが伺える。

　地上2.5mで4分岐し、うち1本は枯れる。先端部にのみ葉が茂り、樹勢は弱っているようだ。周辺のスギが成長して日影が多くなったせいかもしれない。地上1.2mに巨大なコブがあり、主幹は苔むす。

　オオウラジロノキは、それほど個体数が多い樹種ではないうえ、これほど巨大に成長したものは稀有な存在である。全国的にも報告例は少ない。静岡県富士宮市に幹周4.74mの分岐樹がある。また、福島県只見町に、幹周3～4mの巨木が4本確認されている。

◀全景

【位置】
北緯　37-29-39
東経　139-37-45

【アクセス】
国道400号線から大石田の手前で美坂高原牧場方向に向かい、牧場手前で右折して林道に入ると、右手に標識がある。山道を250m進むと杉林に立つ。

23 福島県 杓子ケ入(しゃくしいり)のメグスリノキ

日本一のメグスリノキ —— 風格漂う苔むす樹幹

市指定天然記念物

葉を見なければ何の木か判別できない。2009.10.5 撮影

【樹種】メグスリノキ 【学名】*Acer maximowiczianum*
【特徴】ムクロジ科の落葉高木の広葉樹、本州(宮城県、山形県以西)、四国、九州に分布。
【幹周】M 4.1 m(1.3 m 2009) 【樹高】23 m 【推定樹齢】500 年
【所在地】福島県喜多方市塩川町中屋沢字水山

メグスリノキとは、目の漢方薬として用いられることからこう呼ばれる。別名を「長者の木」ともいわれ、漢方薬を売って長者になったいわれから、そう呼ばれるという。カエデの仲間で、3枚の小葉からなる複葉の、特徴ある形をしている。

　このメグスリノキは地上4mで2分岐し、双方はさらに上部で2、3分岐する樹形。主幹は縦に皺が入り、苔むす、老木の風格がある。訪れる人もあまりないようで、周辺は夏草が茂っていた。

　メグスリノキはあまり一般には知られていない樹木で、そのためか巨木の報告例も少ない。報告例はほとんど東京都奥多摩町に集中していて、幹周2m台が9本ある。愛媛県新居浜市に4m台が報告されているが、実際は3.36m。奥秩父の荒川支流、大除沢(おおよけさわ)に幹周M 3.00mのメグスリノキの単幹樹がある。根張りが見事で、幹周以上の迫力がある。踏分道しかない山中に生え、一見トチノキに似ているが、上部の葉を見てメグスリノキと確認できる。

　このように、全国の山中に知られざるメグスリノキの巨木がまだあると推定され、今後の新発見が待たれる。

▲埼玉県「大除沢のメグスリノキ」は根張りが見事

【位置】
北緯　37-36-46
東経　139-58-22

【アクセス】
会津若松から喜多方の中間辺り、県道7号線に右折し、県道69号線に左折、1.5kmで右折、雄国沼に向かう林道に入る。上原で右折して、約4kmで案内板のある沢に出る。山道を100mで沢沿いに立つ。

万正寺の大カヤ

福島県 24

日本一のカヤ──伊達家も愛でた(?)由緒ある大カヤ

県指定天然記念物

巨大な枝が斜上する姿は実に迫力がある。2006.11.6 撮影

【樹種】カヤ 　【学名】*Torreya nucifera*
【特徴】イチイ科の常緑高木の針葉樹、本州、四国、九州に分布。
【幹周】M 8.6 m（分岐 0.3 m 2006） 　【樹高】16.5 m 　【推定樹齢】900 年
【所在地】福島県伊達郡桑折町万正寺

全国のカヤの報告例で、幹周が 10 m を超えるものは 5 本あり、すべて分岐カヤ。幹周は各幹の合計値となっている。カヤはカツラほどではないがよく分岐する樹種で、日本一を決定するのが難しい。
　単幹樹のカヤの巨木には、
●この「万正寺の大カヤ」幹周 M 8.6 m。
●群馬県前橋市「横室の大カヤ」幹周 M 8.39 m。
●福島県楢葉町「塩貝の大カヤ」幹周 7.7 m。
●福島県田村市「長法寺の榧」幹周 7.4 m。
　があり、幹周の報告値は 10 m を超える分岐幹のカヤより小さいが、実際は格段に迫力がある。
　上記の巨木を調査した結果、「万正寺の大カヤ」と「横室の大カヤ」が、同等ほどの迫力があった。大きさ、樹形と品格、歴史や立地と保護の状態を見て、最も日本一にふさわしいカヤを「万正寺の大カヤ」とした。
　この大カヤは主幹と大小 7 本の幹が地上 1 〜 1.5 m 地点で分岐する樹形。東北自動車道の真下、住宅地の一角に立っている。樹齢 800 年とも 900 年ともいわれる由緒のある大カヤであるが、なぜカヤだけが取り残されたように存在するのか、筆者にはそのいきさつの方がミステリアスで興味がある。
　この地は伊達家に縁のある場所で、1877（明治 10）年に発掘調査を行った際に、鎌倉時代のものと思われる古瀬戸が発掘されている。どのような屋敷があったのかはわかっていないらしい。

◀群馬県「横室の大カヤ」も引けを取らぬ迫力

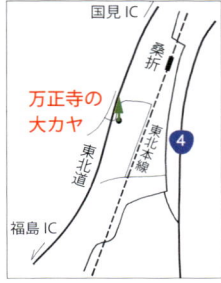

【位置】
北緯　37-51-08
東経　140-30-40.7

【アクセス】
東北自動車道の国見インターを降り、桑折駅の南から JR の下をくぐって北上し、細い道を進むと、高速道路の下をくぐる手前に立つ。

25 福島県 片倉(かたくら)のナシの木(き)

日本一のヤマナシ──戦国武将、片倉小十郎館跡に立つ名木

市指定天然記念物

壮大な樹冠は見事で、日本一にふさわしい。2012.12.18 撮影

【樹種】ヤマナシ　【学名】*Pyrus pyrifolia* var. *pyrifolia*
【特徴】バラ科の落葉高木の広葉樹、本州〜九州に分布、果樹のナシは本種の改良品種。
【幹周】M 4.36 m（1.3 m 2012）　【樹高】17.5 m　【推定樹齢】400 年
【所在地】福島県二本松市上長折字片倉 80-1

数字上では富山県の「鉢伏のヤマナシ」が株周ながら日本一。しかし、岩手県の「頭無のヤマナシ」が、上部が異様に膨らみ巨大感溢れるヤマナシで、2012年12月時点で、単幹では日本一と考えられていた。ところが、その後巨樹DBで幹周4.1mで4位とされていた「片倉のナシの木」の調査に出向くと、M 4.36 mであることが判明し、日本一と確認された。大きな特徴は、枝張りがもの凄く、東西24m、南北22.5mもあり、樹勢に衰えがなく、いまだに多くの実をつけることだ。訪れた12月下旬、樹下にピンポン球くらいの実が散乱していて、食べるとフユイチゴのような味がした。花は5月上旬で、全体が真っ白になるくらい見事だという。

- 山形県鶴岡市の「母狩キジ場のコブナシ」は、幹周M 4.15 mで、訪れる人もなく藪の中にある。
- 岩手県九戸村の「頭無のヤマナシ」は幹周M 4.12 mの見事な単幹樹。
- 長野県川上村の「石梨」は幹周4.52mだが、畑の中に立つ分岐幹樹で、分岐幹の合計周。
- 富山県南砺市の「鉢伏のヤマナシ」は、株周M 6.10 m（0.3 m）で、根元で2分岐する。東幹が幹周M 2.87 m（0.8 m）、西幹が幹周M 4.05 m（0.8 m）ある。分岐幹が貧弱で、全体として迫力がない。

▲富山県「鉢伏のヤマナシ」 　▲岩手県「頭無のヤマナシ」

【アクセス】
二本松から国道459号線を東に8kmほど進み、小浜小学校へ左折、学校前を通り過ぎると案内板がある。農道を80mで高台に立つ。

【位置】
北緯　37-33-45.5
東経　140-30-52.3

三春滝桜

26 福島県

三春滝桜（みはるたきざくら）

国指定天然記念物

日本一の枝垂桜——三春藩主も愛した名桜

満開の滝桜に雪が降ったのは史上初。2010.4.22 撮影

【樹種】ベニシダレ　【学名】*Prunus spachiana* cv.
【特徴】バラ科の落葉高木の広葉樹、エドヒガンの枝垂園芸品種。
【幹周】9.5 m　【樹高】19 m　【推定樹齢】1,000 年
【所在地】福島県田村郡三春町字滝桜久保

　日本三大桜の1つに数えられるが、シダレザクラとしては文句なく日本最大である。推定樹齢1,000年、幹周9.5 m、枝張り東西25 m、南北19 mという、数字から見てもダントツの1位である。これほどの巨木になると、樹勢に衰えが見られ、花つきも悪いものだが、「三春滝桜」は現在も滝が流れ落ちるような見事な花をつける驚異の桜。そのため、人気も別格のものがあり、花のシーズンには高速道路の出口あたりから渋滞するという異常な事態が起る。駐車場から桜までの「参道」は、まるで東京の繁華街を歩いているような人出であるが、目指す滝桜が出現すると、吾を忘れて見入ってしまう存在感があり、人々を引きつける魅

力に納得してしまう。滝桜を見ずして、日本の桜は語れないということであろうか。

この桜をこよなく愛した歴代の三春藩主は、周囲にある畑を無税とし、藩主の御用木に指定、保護した。開花期には毎日早馬を出して花の状態を報告させ、満開になれば藩主が花見に出かけ、堪能したと伝えられる。

滝桜の立地が素晴らしく、すり鉢状になった広大な敷地の西斜面に立つ。360度から、しかも上部からも眺められる巨木は全国に例がなく、やはり藩主の御用木であったことが伺える。

何度も通っていると、奇跡が起る。2010年4月22日朝、満開の滝桜に雪が積もった日に偶然樹下に立っていた。

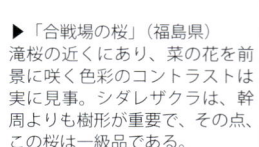

▶「合戦場の桜」(福島県)
滝桜の近くにあり、菜の花を前景に咲く色彩のコントラストは実に見事。シダレザクラは、幹周よりも樹形が重要で、その点、この桜は一級品である。

【位置】 北緯　37-24-28.3
　　　　東経　140-30-00.1

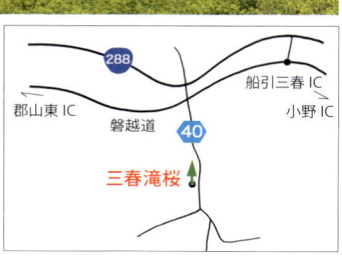

㉗ 福島県 舘の大マユミ

市指定天然記念物

日本一のマユミ──ありふれた樹種なのに珍しい巨木

複雑な成長過程を物語る主幹。2012.5.5 撮影

【樹種】マユミ　【学名】*Euonymus sieboldianus*
【特徴】ニシキギ科の落葉低木〜高木の広葉樹、北海道〜九州に分布。
【幹周】M 3.46 m（1.3 m 2012）　【樹高】6.5 m　【推定樹齢】300 年
【所在地】福島県郡山市湖南町舘字中谷地 1459

マユミの巨木は珍しく、2008年までは長野県戸隠村、幹周3.05mの「原山稲荷のマユミ」が日本一であった。2012年に、猪苗代湖畔に幹周3m以上のマユミがあるという情報を得て調査すると、幹周3.46mあることが判明し、日本一になった。
- 長野県栄村の「秋山郷のユモトマユミ」は幹周2.42m。
- 同じく中野市の「柳沢のマユミ」は幹周2.32m。
- 岡山県立森林公園にある樹齢270年のマユミは、根元近くで多数に分岐するもの。

　「舘の大マユミ」は、道路と畑の境に立ち、ゆるやかな山並を背景に立つ姿は凛々しくもある。地上2mで主幹と細い幹8本に分岐し、主幹は半壊して斜上する。よく観察すると、もともと根元近くで分岐していた幹が、巨大化するに従ってお互いに癒着して成長したもののようで、主幹を包込むように分岐幹が立上がる不思議な樹形をしている。

▲全景。訪れた頃は、目立たない花のつぼみがたくさんついていた。秋には赤い実を美事につけるという。

▲かつて1位とされていた長野県「原山稲荷のマユミ」

【位置】
北緯　　37-24-34.1
東経　　140-08-41.3

【アクセス】
猪苗代湖南側の舘から県道に入り御礼神社前に立つ大杉を過ぎてしばらくの道路沿いに立つ。

日本一のサワラ——妖怪のごとく立つ由来不明の怪樹

28 福島県

沢尻(さわじり)の大(おお)ヒノキ

国指定天然記念物

絡まったキヅタで、まるで妖怪のように見える。2010.6.15 撮影

【樹種】サワラ　【学名】*Chamaecyparis pisifera*
【特徴】ヒノキ科の常緑高木の針葉樹、本州(岩手県以西)〜九州に分布。
【幹周】M 10.00 m(1.3 m 2010)　【樹高】29 m　【推定樹齢】800 年
【所在地】福島県いわき市川前町上桶売字上沢尻

天然記念物の名称は「沢尻の大ヒノキ」である。しかし、樹種はサワラである。両者ともヒノキ科の樹木でよく似ていて、一般的にこの違いを識別できず、このような間違いが起ったものだろう。両者を識別する方法は、葉の裏面の白い気孔帯の形を見ることである。ヒノキはY字形、サワラはX字形をしている。ちなみにヒノキアスナロはW字形に近い。サワラは水湿に強いので、桶などに用いられたため、多く植林されたが、最近はその需要が減ってあまり植林されていないという。

　2002年に訪れたときには、主幹に巨大なキヅタが絡まり、幹がまったく見えなかった。2010年に訪れると、絡まったつるの根元を切断するなどして取除かれ、日本一のサワラの本来の姿が見えた。

　主幹はもともと何本かの分岐幹であったものが、巨大化に従ってお互いに癒着して、単幹樹になったものと推察される。現在その名残が見られ、前面にある細い幹が3mほどで分離しているのがわかり、明らかに枝ではなく、分岐幹でもない。上部では2本の主幹がきれいに並立する姿が遠目に確認でき、もともとの樹形が想像される。樹皮は縦裂して深い切れ込みとなり、巨大なコブもでき、樹齢800年とも1,000年ともいわれる凄みを感じさせる。そんな古木にもかかわらず、その由来が伝わってこない。これだけの巨木に伝承がないのが実に不思議だ。

　全国のサワラの巨木報告例は少なく、
- 岐阜県高山市の「七本サワラ」は幹周9.6mだが、分岐幹の合計周。
- 幹周8m台では、長野県伊那市の「前平のサワラ」、大鹿村の「矢立木のサワラ」があるが、どれも実際はM式で7m台である。

◀全景

【位置】
北緯　37-15-40
東経　140-41-27.6

【アクセス】
小野インターから、県道66号線に出て、翁杉、嫗杉の前を通り、約2km、左折して沢尻集落のはずれの畑の中に立つサワラが見える。

29 福島県 新田(しんでん)の大山桜(おおやまざくら)

市指定保存樹木

日本一のヤマザクラ——大きな山桜だから「大山桜」

見事に咲き誇るヤマザクラ「大山桜」。2012.5.4 撮影

【樹種】ヤマザクラ　【学名】*Prunus jamasakura*
【特徴】バラ科の落葉高木の広葉樹、本州〜九州に分布。
【幹周】M 6.47 m（1.3 m 2010）　【樹高】20 m　【推定樹齢】500 年
【所在地】福島県いわき市三和町下市萱字新田

　巨樹 DB に登録されているヤマザクラの巨木は 300 本近く、そのうち幹周 6 m 以上のヤマザクラは 27 本あり、この中で日本一を決定しようと比較検討した。分岐幹樹は分岐幹の合計周で表記されているため、幹周ほどの迫力がないのが実際で、分岐幹は対象外にすることにした。

- オオシマザクラが 2 本含まれ、これは除外した。
- 幹周 9 m 台は 2 本あり、すべて分岐幹で巨大感はない。
- 幹周 8 m 台は 5 本あり、3 本が分岐幹で、単幹樹と記録されているうち佐渡市の「与六郎桜」は実際は根元近くで多数に分岐。真庭市の「黒岩の山桜」は実測 6.8 m で、半壊状態。
- 幹周 7 m 台は 3 本あり、単幹樹とされている日立市の「諏訪の山桜」は分岐幹。金沢市の「松月寺の大桜」幹周 7.81 m は実際は 3.5 m。福島県古殿町の「越代の桜」は幹周 7.2 m だが、根元で大小 2 分岐する。
- 幹周 6 m 台は 16 本あり、そのうち 5 本が単幹樹。徳島県美馬市の「天神ザクラ」は根元分岐幹と判明。京都市の「相生桜」も分岐幹と判明。兵庫県と新潟県のヤマザクラも分岐幹であり、残るいわき市の幹周 6.3 m のヤマザクラが所在不明であった。

2010 年、いわき市に「新田の大山桜」という巨木があるというので取材すると、幹周 6.47 m の見事な単幹樹。これは「七時雨山のオオヤマザクラ」(p.28) を抜いて、日本一のオオヤマザクラではないかと思われた。2012 年の花の頃に再取材すると、何とオオヤマザクラではなくヤマザクラであった。これが、所在不明のヤマザクラであり、日本一に推しても遜色ない立派なヤマザクラと結論づけることができたのである。

▼福島県「越代の桜」

【位置】北緯 37-07-47.6
　　　　東経 140-39-04

【アクセス】
いわき三和インターから県道 135 号線の急坂を登り、新田手前の三叉路を右折して直進すると見えてくる。

日本一のカリン —— 鹿の子模様が瀟洒な果樹

石森のカリン

福島県 ㉚

県指定天然記念物

黄色い鹿の子模様の幹は、独特の雰囲気をもっている。2010.6.15 撮影

【樹種】カリン　【学名】*Chaenomeles sinensis*
【特徴】バラ科の落葉高木の広葉樹、中国原産。
【株周】M 2.82 m（0.2 m 2010）　【樹高】11 m　【推定樹齢】200 年
【所在地】福島県いわき市平四ツ波字石森 216　忠教寺

忠教寺は、いわき駅の北2km、フラワーセンター前あたりにある小さな寺院である。山門を入るとすぐ右手にこの日本一のカリンがある。カリンは中国原産のバラ科の樹木で、甲信越、東北に多く植えられている。樹皮は鱗片状に剥がれ、4〜5月にボケのような淡紅色の花をつけ、10月頃、黄色に熟した大きな実をつける。生食はできないが、果実酒や薬用として利用される。

　この「石森のカリン」は、根元で2分岐し、主幹の幹周M 2.12 m、側幹の幹周はM 0.9 mある。おのおのの合計周が3 mとして、巨樹DBに登録されている。M式では最も幹周を表現している根元近くを測定し、M 2.82 m（0.2 m）であった。これでもカリンでは日本一である。

　主幹の内側は大きく欠けてはいるが、樹勢は旺盛で、地上4mで2分岐し、それぞれすぐに2、3分岐して立上がる。側幹は3mで2分岐する。樹皮は鹿の子模様が美しい。樹下に「くわりん」の詩の石碑があり、大切に育てられているようだ。

　巨木カリンの報告例は少なく、
- 新潟市の「小戸の大花梨」が幹周1.8 m。
- 新潟県村上市「観音寺のカリン」が幹周1.61 m。
- 京都市「護国神社のカリン」が幹周1.5 m。
- 佐賀県伊万里市「親種寺の花梨」が幹周1.5 m。

　「石森のカリン」のように、幹周3m近いカリンは群を抜いて大きいことになる。

▲新潟県「観音寺のカリン」

【アクセス】
JRいわき駅の北約3kmにあるが、複雑なので、カーナビ案内が確実。

【位置】
北緯　37-05-28.9
東経　140-54-07.4

日本一のナツツバキ —— 可憐な花咲く仏教ゆかりの巨木

31 福島県

馬立(うまたて)のナツツバキ

カリン同様、鹿の子模様の幹と可憐な花が美しい。2010.6.15 撮影

【樹種】ナツツバキ 　【学名】*Stewartia pseudocamellia*
【特徴】ツバキ科の落葉高木の広葉樹、本州〜九州に分布。
【幹周】M 2.65 m（1.3 m　2012）　【樹高】14 m　【樹齢】不明
【所在地】福島県西白河郡西郷村真船字馬立

ナツツバキは別名「シャラノキ」と呼ばれ、仏教ゆかりの木として寺の境内などに植えられている。初夏に白い椿のような花を開き、可憐な花は愛好者が多い。山野では尾根近くの乾いた斜面に生えているが、巨木として認識できるようなものは滅多にない。立山の美女平直下の登山道沿いに、幹周3mの巨大なナツツバキがあった。しかし、2008年に訪れたときにはすでに倒木していた。

　その後ナツツバキの巨木は確認されないでいたが、2009年に福島県で幹周2.8mといわれるナツツバキが発見された。2012年の現地調査では幹周M 2.65m、現時点で日本一のナツツバキと確認された。場所は意外なところで、国道から獨協学園施設への取付道路横の谷に続く斜面。取付道路に立てば、鹿の子模様の独特の樹肌をもつ木はすぐにわかる。

　地上3mで3分岐するが、1本は破損し、2本が健在で、枝葉をよく伸ばしている。主幹は右に捩れるように立上がっている。一帯は落葉樹の林で、谷まで100m以上はあるだろうと思われる急峻な斜面である。

　ナツツバキは、ヒメシャラ同様、巨木が認識されることはほとんどない。しかし、2012年に伊豆の天城山中で、幹周2.6mのヒメシャラを確認したように、どこかにまだ巨大なナツツバキが存在する予感がする。

◀全景。セミナーハウスのすぐ手前急斜面の際に立つ。

【位置】　北緯　37-10-34.3
　　　　　東経　140-01-37.6

【アクセス】
新甲子温泉を過ぎて、セミナーハウスの前で止まり、入口を少し入ると右手下に見える。

32 栃木県 成田山のユズリハ

日本一のユズリハ——石仏を抱く、葉の美しい巨木

市指定天然記念物

これがユズリハ？ あまりの大きさに度肝を抜かれる。2010.6.14 撮影

【樹種】ユズリハ　【学名】*Daphniphyllum macropodum*
【特徴】ユズリハ科の常緑高木の広葉樹、本州（福島県以西）〜沖縄に分布。
【幹周】M 3.47 m（分岐 1.2 m 2010）　【樹高】14.5 m　【推定樹齢】300 年
【所在地】栃木県大田原市本町 1–5–1　成田山遍照院

ユズリハは常緑樹で、暖地の山地に生えるが、葉が美しく、庭木として好まれて植えられる。古い葉と新しい葉の入れ替わりが明確なため、新年の飾りとして用いる地域もある。筆者の住む日本海側の低山にも多く、ほとんどは雑木林の中にあり、太くても腕位で、巨木としての認識がまったくない樹木である。

　ユズリハの巨木がある成田山を訪れたとき、本堂は再建中であった。アカマツの並木が続く参道正面の右手、赤い水屋とコンクリートの塀の間に立っていた。対面当初は、ユズリハであることが信じられず、シャクナゲに似た輪生する葉を確認して、ようやく理解できたほどで、想像していた以上に大きい。早速幹の測定に入った。地上1.2mで2分岐し、さらに主幹は2.5mで4分岐、1本は枯れている。根元に不動様の石像がしっかりと幹に結びつけられているので、分岐部以下に巻尺を通せない。しかたなく地上1.2m地点を水平に巻尺を回した。結果はM3.47m。この部分の主幹は幹周2.22mもある。こんな巨大なユズリハがあるものだろうか。

　成田山が1884（明治17）年に建造されたときの献木という。世話人は成田久八で、当時荷馬車へ2本と積むことのできない大木であったと記されていることから、かなりの大きさがあったようだ。それから100年が経ち、樹齢300年の巨木に成長した。

　全国のユズリハの報告例は少なく、主な巨木は、
- 福岡県古賀市「五所八幡宮のユズリハ」幹周2.6m。
- 新潟市「北潟の大譲葉」幹周2.1m。
- 福岡県大野城市「乙金宝満宮のユズリハ」幹周1.69m。
- 鳥取県「米子市のユズリハ」幹周1.5m。

▲根元にある不動明王の石像

【位置】
北緯　36-52-21.8
東経　140-00-53.7

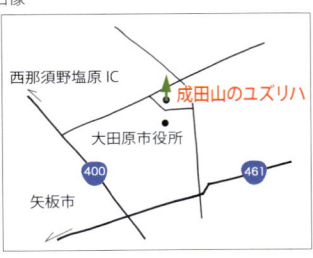

【アクセス】
東北自動車道、西那須野塩原インターで降り、国道400号線で大田原に向かう。市役所の近くに成田山遍照寺がある。カーナビ案内が確実。

㉝ 栃木県 下坪のヒイラギ

日本一のヒイラギ──年月を感じさせる、凄みのある主幹

市指定天然記念物

ヒイラギとは思えぬ巨体に圧倒される。2012.5.5 撮影

【樹種】ヒイラギ　【学名】*Osmanthus heterophyllus*
【特徴】モクセイ科の常緑小高木の広葉樹、本州（福島県以西）～沖縄に分布。
【株周】M 5.55 m（0.3 m 2012）　【樹高】8 m　【推定樹齢】800 年
【所在地】栃木県矢板市安沢字山根

ヒイラギは寺社や庭に好まれて植えられる樹木で、日本では福島県以西の山地に自生する。葉の鋸歯が刺になり痛い。しかし、老木になると刺がなくなる傾向がある。各地に老木が知られているが、いざ日本一はと考えると、群を抜いたものが見当たらない。巨樹DBの報告例は30件ほどで、幹周6～7mの大きな記録のあるものが3本あるが、これらを調査すると、すべて分岐幹の合計周か、測定ミスで巨大化されたものと判明して、日本一のヒイラギが決定されないでいた。

　記録にないヒイラギで、千葉県香取市の「堂の下の大ヒイラギ」は、株周5.50m、根元で2分岐する樹形。これが日本一かと思われたが、2012年、栃木県矢板市で幹周5.55mの「下坪のヒイラギ」を確認し、これが現在日本一と考えられる。

　根元で大小3分岐し、幹は空洞化しているものの、樹勢は旺盛のようだ。主幹は波打ち、苔むし、着生したタチツボスミレが花をつけ、古木の風格漂う見事なヒイラギである。

　所有者である松井氏に伺うと、この地に定着して現在で19代目という。樹齢800年ということであったが、うなづけるものであった。

　天然記念物指定時、この地は下坪と称していたという。

▲千葉県「堂の下の大ヒイラギ」

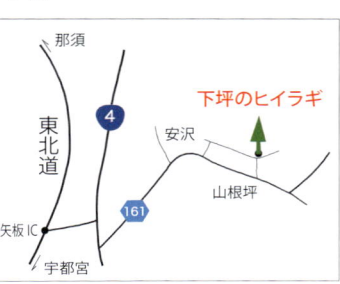

【位置】
北緯　36-46-22.8
東経　139-57-58.1

【アクセス】
矢板インターから山根集落へ、細い路地に入り、三叉路の角の家が松井宅。前庭に立つ。

日本一のネムノキ——ありそうでない、普通種の巨木

34 栃木県

栃木県中央公園のネムノキ
（とちぎけんちゅうおうこうえん）

枯れているかと思って訪ねると、現存していた。2010.6.14 撮影

【樹種】ネムノキ　【学名】*Albizia julibrissin*
【特徴】マメ科の落葉高木の広葉樹、本州〜沖縄に分布。
【幹周】M 1.65 m（1.3 m　2010）　【樹高】15 m　【樹齢】不明
【所在地】栃木県宇都宮市睦町　栃木県中央公園

ネムノキは梅雨に美しい可憐な花を咲かせることで知られるが、巨木としてのイメージがない樹木である。筆者の住む北陸は自然がいまだ多く残っている地域で、ネムノキは近くの山裾や海岸沿いの山林、川の縁などに普通に見られる樹木である。ネムノキの花の撮影はことあるごとに行なっていて、目の高さに花がある木は毎年のように見ているが、伐採されるのか、数年でなくなってしまう。ネムノキとはそういった樹木で、ご神木になることはまずなさそうである。私の知る限り、最も大きなネムノキで、幹周１m を超えるものを知らない。

　巨木が認識されることが少ないながら巨樹 DB に３例あり、その最大がこの「栃木県中央公園のネムノキ」である。どのようなものか、早速調査した。おおよその見当をつけて訪問したが、さすがに見つけられずに、近くにいた係員に尋ねてようやくたどり着いた。日本庭園にあるむつび池から昭和大池へ水が流れ出る傍に密かに立っていた。何の案内もないので、幹に取りつけられた札のみが頼りである。

　報告値は幹周 1.48 m であるが、測定の結果幹周 M 1.65 m（1.3 m）とやや太くなっていた。地上４m で２分岐し、傍にあるコナラの枝を突き抜けて天高く聳えている見事なネムノキである。日本全国を探せば他にもあるような気がするが、残念ながら現在のところ、このネムノキを上回る情報は皆無である。

【アクセス】
昭和大池沿いの遊歩道から日本庭園に向かって入り、むつび池が見えるところに立つ。

▲全景（中央奥）

【位置】
北緯　36-33-29.5
東経　139-51-40.3

35 茨城県

偕楽園のハリエンジュ

日本一のハリエンジュ——異国への憧れをかきたてた北米産の古木

3本並んで立つ姿は壮観である。右端が最大株。2010.6.14 撮影

【樹種】ハリエンジュ（ニセアカシア）　【学名】*Robinia pseudoacacia*
【特徴】マメ科の落葉高木の広葉樹、北米原産。
【幹周】M 3.94 m（1.3 m 2010）　【樹高】18 m　【推定樹齢】100 年
【所在地】茨城県水戸市見川 1–1251　偕楽園

ハリエンジュは、別名ニセアカシアの名前で知られる樹木である。日本には1873（明治6）年に、津田仙がウィーン万博の帰り、当時ヨーロッパで最新の並木用樹種として流行っていたハリエンジュなどの種子をもち帰り、育苗して八重洲河岸に植えつけたのが最初という。その後、公園緑化樹として、明治中期には荒廃地緑化樹として全国に広まっていった。西田佐知子のヒット曲「アカシヤの雨がやむとき」はハリエンジュのことで、この学名に「偽のアカシヤ」という意味のラテン語が使用されていることから、これを直訳したのがニセアカシアの語源という。ちなみに、アカシアはまったく別の樹種である。

　偕楽園は日本三名園に数えられる庭園で、100種3,000本の梅が植えられていることで知られる。水戸藩第九代藩主徳川斉昭によって造園された。ハリエンジュの巨木はその東門の横にシンボルのように3本並んで立っている。東門は開園当時なく、昭和に入って造られたという。その近くにどのような理由で植えられたものか、詳細はわかっていないが、樹齢から察するに、日本に渡来した初期の頃に植えられたものに違いない。白い藤のような花と、甘い香りは西洋の雰囲気をもっていたので、憧れの気持ちが強かったものだろうか。偕楽園のハリエンジュは門側の右端が最も大きく、幹周M 3.94 mで、地上3 mで2分岐する。中央が幹周M 3.0 m、左端が幹周M 3.3 mで、地上3 mで2分岐する。その他の巨木としては、

- ●長野県諏訪市「上諏訪中学校のハリエンジュ」幹周3.21 mだが、2本の合計周。
- ●長野県安曇野市「三郷のハリエンジュ」幹周3.18 mが2本。

▲長野県「上諏訪中学校のハリエンジュ」

【位置】
北緯　36-22-27.3
東経　140-27-18

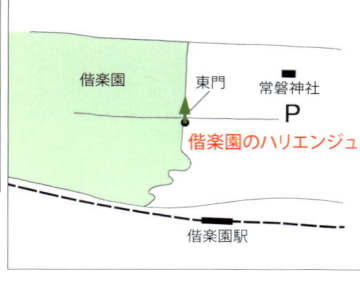

【アクセス】
偕楽園の駐車場から西に歩くと東門。左手に立つ。

樅山のヒサカキ（もみやま）

茨城県 ― ❸⑥

日本一のヒサカキ──長寿の木の魅力あふれる1本

市指定天然記念物

こんなヒサカキが現実に存在するとは驚愕である。2008.11.27 撮影

- 【樹種】ヒサカキ　【学名】*Eurya japonica*
- 【特徴】モッコク科の常緑小高木の広葉樹、本州〜沖縄に分布。
- 【幹周】M 4.3 m（分岐 0.5 m 2008）　【樹高】7 m　【推定樹齢】400 年
- 【所在地】茨城県鉾田市樅山

ヒサカキはサカキのない地方では、サカキの代用品として神前に供えた、なじみの深い樹木である。しかし、巨木は稀で、山地では太くても腕ほど。「樅山のヒサカキ」は常識外の巨木で、地上 0.5 m での幹周が M 4.3 m もある。地上 0.7 m で 3 分岐する樹形で、分岐幹はすぐに再び分岐し、全体として 8 分岐に見える。中心に空洞があることから、主幹はすでに枯れたようだ。幹は斜上し、枝先は地面に垂れるように広がる。周囲は畑地で、庚申塔のある塚の上に立つことから、標木として守られてきたようだ。ちなみに巨樹 DB で幹周が 6.43 m となっているのは、分岐幹の合計周である。

　ヒサカキの巨木は、巨木としての認識が薄いためほとんど報告がない。これまでに調査したヒサカキの巨木では、
- ●神奈川県平塚市「神奈川県農業技術センターのヒサカキ」は株周 4.22 m、根元で 7 分岐。第 2 位にランクされる。
- ●富山県氷見市「論田のヒサカキ」も 11 本に分岐する分岐幹で、株周 3.8 m（0.3 m）。太い幹は幹周が 1 m 近いものがあり、迫力があり、第 3 位。
- ●山形県鶴岡市「曹源寺のヒサカキ」株周 2.35 m と株周 2.0 m の 2 株。
- ●石川県輪島市「伊勢神社のヒサカキ」株周 M 2.4 m。

　延々と続く鹿島浦の海岸線と平行に走る国道 51 号線、樅山の交差点を農道に西に入ってしばらく進むと北側にこのヒサカキが立つ。標識はまったくなく、これだけの巨木が顧みられていないのが少し残念だ。

▲ 2 番目に大きい「神奈川県農業技術センターのヒサカキ」

【位置】
北緯　36-11-33.9
東経　140-32-44.4

【アクセス】
水戸市から国道 51 号線を南下し、鉾田の JA 茨城旭村直売所サングリーン旭から 1 km、「レストラングリルあらの」と「菓子処とびた」の間の道を右折、100 m ほどで立つ。

37 茨城県 千代田カントリークラブのシマサルスベリ

日本一のシマサルスベリ——南国の巨木が放つ独特の雰囲気

見慣れない樹肌に、仙人の姿を想像する。2010.6.13 撮影

- 【樹種】シマサルスベリ　【学名】*Lagerstroemia subcostata*
- 【特徴】ミソハギ科の落葉高木の広葉樹、屋久島以南に分布。
- 【幹周】M 4.37 m（1.3 m 2010）　【樹高】10 m　【樹齢】不明
- 【所在地】茨城県かすみがうら市上佐谷 877–6　千代田カントリークラブ

日本一のシマサルスベリは、常磐自動車道の千代田石岡インター近く、千代田カントリークラブのクラブハウスの裏手、広々としたコースを見渡す位置に立つ。前もって調査の依頼をしていたので、快く案内していただいた。シマサルスベリは亜熱帯に自生するサルスベリ属の樹木で花が白い。中国原産のサルスベリは紅色の花が咲くが、中には白花のサルスベリもある。一見よく似ているが、葉の形が異なる。シマサルスベリの葉の先端は尖り、サルスベリの葉の先端は丸い。

　訪れた時にはまだ花が咲いておらず、支配人の方に白い花が咲くと教えていただいた。記録にはサルスベリとあったが、葉の特徴からシマサルスベリと判明した。

　幹周 4.37 m、樹高 10 m。地上 2 m で 2 分岐する。主幹は 6 m で、側幹は 4 m で切断され、細い幹が水平に何本も出る。これもシマサルスベリの特徴だ。もともと某寺院にあったものだが、経営者の方が巨木が好きで、ぜひにということで譲り受けたとのこと。移植するときに、活着を促すために先端を切断したものだろう。

　巨木シマサルスベリの報告例は少なく、栃木県宇都宮市に幹周 3.4 m、鹿児島県出水市に幹周 3.0 m があるのみ。自生地である屋久島、奄美大島、沖縄などの報告例がない。この地域でも、巨大化しない樹種の調査が手つかずの状態なので、情報が上がってこないものだろう。新発見が期待される。

◀ 全景

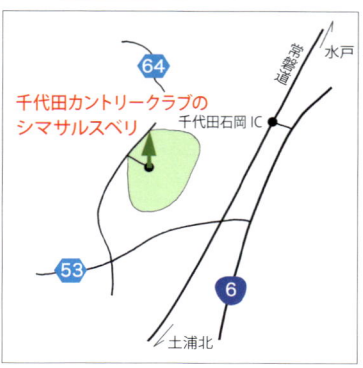

【アクセス】
本文参照

【位置】
北緯　36-10-12.4
東経　140-12-51.5

日本一のナツグミ——悪鬼を祓う異形の除霊樹

38 茨城県

曙のグミ

県指定天然記念物

古い幹と新しい幹が立上がり、巨大な根元をつくる。2010.6.13 撮影

【樹種】ナツグミ　【学名】*Elaeagnus multiflora*
【特徴】グミ科の落葉小高木の広葉樹、北海道、本州、四国に分布。
【幹周】M 2.36 m（分岐 0.2 m 2010）　【樹高】10 m　【樹齢】不明
【所在地】茨城県稲敷郡阿見町曙 151–106

グミの名称は、16種ほどあるグミ科の樹木の総称として使われ、日当りのよい荒れ地にあるアキグミがよく知られる。また、6月頃に赤く美味しい実がなるナツグミや、これより一回り実の大きなトウグミは、好まれて庭などに植えられている。「曙のグミ」はナツグミで、普通巨木として取扱われることのない樹種であるが、この大きさは別格である。地上0.3〜1 mで3分岐する樹形。設置された案内板には「主幹は2.36 mで分岐幹はそれぞれ0.57 mと0.43 mである」と詳細な幹周が記載されている。主幹と記載された幹は、最も大きな幹ではなく、根元辺りの幹周のことらしい。よって、M式表記では幹周M 2.36 m（分岐0.2 m）となる。主幹はコブが多く、老木の風格が漂い、側幹2本は比較的新しい幹のようだ。

　もともとこの地は室崎神社の馬場先で、根元には道祖神が祀られ、神域であった。グミは焼くと人の焦げるような悪臭がするといわれ、村内に邪霊や悪鬼の侵入を防ぐ目的で植えられ、守られてきたという。

- 近くにつくば市「下横場の大グミ」がある。根元で2分岐する樹形で、株周M 2.3 mである。分岐幹はそれぞれ幹周1.1 mと1.8 mある。
- 群馬県中之条町「大久保のナツグミ」幹周2.2 m（分岐1.2 m）で、根元近くで3分岐、1981年の台風で倒れたまま保存され、「曙のグミ」と甲乙つけがたい大きさである。
- 埼玉県長瀞町「法善寺のナツグミ」幹周1.49 m。
- 千葉県木更津市「松本家のグミ」幹周0.8 mである。

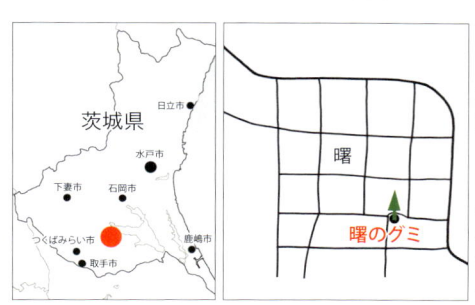

▲群馬県「大久保のナツグミ」の倒れた幹も巨大

【位置】
北緯　36-02-10.9
東経　140-13-38.8

【アクセス】
土浦市の東南約5kmにあり、県道231号線沿いの曙住宅地の中。カーナビ案内が確実。

㊴ 群馬県

薄根の大クワ

国指定天然記念物

日本一のクワ──検地の標木にされたという歴史の生証人

見る者を圧倒するグロテスクな主幹。2007.7.8 撮影

【樹種】ヤマグワ　【学名】*Morus australis*
【特徴】クワ科の落葉高木の広葉樹、北海道～九州に分布。
【幹周】M 5.26 m（分岐 0.3 m 2007）【樹高】10 m【推定樹齢】1,500 年
【所在地】群馬県沼田市石墨町 1777

ヤマグワは日本に自生しているクワで、養蚕に使われる葉の大きな種類は中国原産、品種改良されたもの。この「薄根の大クワ」の幹周には様々な記録が見られる。その原因は、地上 1 m で 2 分岐する樹形にある。幹周 5.26 m は根元周囲、7.97 m は地上 1.3 m の単純な周囲、7.24 m は 2 本の分岐幹の合計周である。このような樹形の場合、地上 1.3 m 以下の最もくびれた部分が実態を表現する幹周である。よって、M 式では幹周 M 5.26 m（分岐 0.3 m）となり全国 1 位である。

　1686（貞享 3）年の検地の折り、この大クワを検地の標木にしたというから、樹齢も大変なものだろう。一説に樹齢 1,500 年という。この大クワは、この地方の養蚕の神として崇められていたのであろう。大クワの周囲は四角の竹囲で保護され、木道が渡されている。後継木が後部に植えられて、関係者の気概が伝わってくる。

- 全国 2 位とされる新潟県佐渡市「羽吉の大クワ」は、地上 1.3 m で 4 分岐していたが、分岐部で 2 本が破損し、下部の幹だけが残されている。残った 2 本の幹は健在で、幹周は M 5 m あり、いまだ「薄根の大クワ」と同格程度の迫力がある。
- 青森県三戸町「六日町のクワ」は単幹樹で幹周 3.61 m ある。
- 群馬県渋川市「下郷の大クワ」は幹周 3.85 m の分岐幹。
- 東京都御蔵島には「島桑」と呼ばれて、木目が美しく建材として珍重されるクワがある。幅 80 cm もの板が残されていることから、相当な巨木があったようだ。

◀ 第 2 位の新潟県「羽吉の大クワ」。手前の幹はすでに枯れている。

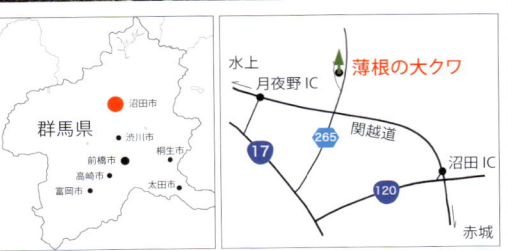

【位置】
北緯　36-40-48
東経　139-02-42

【アクセス】
沼田インターから県道 265、高速の下をくぐると標識が出てくる。駐車場から木道が続いている。

40 千葉県　府馬の大クス　国指定天然記念物

日本一のタブノキ——異形ならではの力強さが迫り来る怪樹

圧倒的な迫力の主幹。2007.7.10 撮影

【樹種】タブノキ　【学名】*Machilus thunbergii*
【特徴】クスノキ科の常緑高木の広葉樹、本州〜沖縄に分布。
【幹周】M 9.15 m（1.3 m 2007）　【樹高】20 m　【推定樹齢】1,300 年
【所在地】千葉県香取市府馬 2395　宇賀神社

「府馬の大クス」はクスノキではなく、タブノキである。1926（大正15）年に国指定の天然記念物にされた折り、地元でイヌグスと呼ばれていたことや、クスノキとタブノキはよく似ていることなどから間違えられたようだ。1969年にタブノキであることが判明したが、名称はそのまま使われている。幹周8.57mとされ、それ以上の幹周をもつタブノキは全国で8本報告されている。

- 神奈川県清川村「煤ヶ谷のしばの大木」は幹周9mで、これが一般に日本一のタブノキといわれている。実際の調査では、根元近くで5〜6本の分岐幹で、根元周囲は6.3mしかない。9mは分岐幹の合計周か。
- 福井県小浜市「小浜神社の九本ダモ」、山口市「竹島のタブノキ」、熊本県人吉市「牛塚神社のタブノキ」、高知県香南市「野槌神社のタブノキ」、岡山県笠岡市「真鍋大島のイヌグス」の5本も根元での分岐幹であった。
- 鹿児島県南さつま市「原のタブノキ」は8.9mとの記録だが、これも測定値はずい分小さく5.7m。
- 問題は石川県羽咋市「森ノ宮のタブノキ」で、幹周9.82mとされ、地上1〜1.5mで6分岐する。M式で測定すると9.15mと判明、「府馬の大クス」を上回った。

　そこで、2007年「府馬の大クス」を測定した。結果、測定値はM9.15mと「森ノ宮のタブノキ」と同じ値が出た。しかし、樹形の壮大さを鑑みて、本木を日本一のタブノキとすることに躊躇はなかった。

◀石川県「森ノ宮のタブノキ」

【位置】
北緯　35-48-15.8
東経　140-36-33.2

【アクセス】
東総有料道路大角インターより東に約4km、カーナビ案内が最適。

影向の松

41 東京都

国指定天然記念物

日本一見事な松——日本名松番付横綱

見事な枝振りというほかない。2012.3.12 撮影

【樹種】クロマツ 【学名】*Pinus thunbergii*
【特徴】マツ科の常緑高木の針葉樹、本州〜九州に分布。
【幹周】3.6 m 【樹高】8 m 【推定樹齢】600年
【所在地】東京都江戸川区東小岩 2-24-2　善養寺

　日本名松番付で横綱に推挙するという石板が樹下にある。かつて香川県にあった日本一の松として知られていた「岡の松」と競ったが、大きさで劣っているといわれた。しかし、その後「岡の松」が枯死し、この「影向の松」が横綱として推挙されたというわけである。

　「影向の松」は、地上2mで水平に6本の枝を広げ、枝から出る小枝まで職人の手が入って、まるで竜の手足のごとくに形づくられた見事な

作品といえる名松である。植えられた当初から、完成形を念頭において、丹誠込めて育てられたものであろう。盆栽を見るかのごとくの樹形は、人間の業の集大成ともいえる巨木で、人間の英知を立証するに値する文化財といえるのではないか。よって、この松を「日本一見事な松」としたい。

　松は日本文化を象徴する樹木であり、同じ樹種で日本一を4本選ばざるを得なかったことは、日本文化の奥深さを物語るものといえよう。

【位置】北緯　35-43-39
　　　　東経　139-53-36.7

【アクセス】総武線小岩駅下車、徒歩15分

▲全景、まるで藤棚のように広がる。

42 東京都 新宿御苑のプラタナス

日本一のプラタナス──壮大な樹形で人々を魅了

堂々とした樹形は日本一にふさわしい。2010.6.13 撮影

【樹種】モミジバスズカケノキ（プラタナス）　【学名】*Platanus × acerifolia*
【特徴】スズカケノキ科の落葉高木の広葉樹、北米原産。
【幹周】M 6.20 m（1.3 m 2010）　【樹高】26.4 m　【推定樹齢】120 年
【所在地】東京都新宿区内藤町 11　新宿御苑

プラタナスは、スズカケノキ科スズカケノキ属の総称で、街路樹として広く普及しており、日本ではモミジバスズカケノキが多く使用されている。葉はカエデに似た形をしているが、より大きい。本種はスズカケノキとアメリカスズカケノキの雑種で、1875～1876（明治8～9）年頃に渡来したといわれている。

　新宿御苑の敷地は、江戸時代、信州高遠藩屋敷であった。1872（明治5）年、新政府により近代農業振興を目的とした「内藤新宿試験場」がこの場所に開設されると、欧米の品種を含めた果樹、野菜などの栽培実験が行なわれた。当時植栽された樹木で現在まで残っているものもある。

　最も古いプラタナスは、新宿門から入って、日本庭園に向かう途中にある推定樹齢140年の樹。2007年9月の台風で被害を受け、主幹全体がシートで覆われ、養生措置がとられている。幹周はM6.48 mあり、地上約2 mで5分岐、そのうち東側の2本が枯れ、西側の幹は健在で、水平に先端を伸ばしている。千駄ヶ谷門近くにも大きなプラタナスが3本並立していて、そのうちの1本は幹周M 6.14 mある。

　新宿門を入ってすぐ、右折して進むと、左手に巨大なプラタナスがある。測定してみると幹周M 6.2 m、樹高約20 m。地上約3 mで大枝が水平に出て、約7 mで3分岐、大きく枝葉を伸ばす壮大なプラタナスである。

　新宿御苑には幹周5 m以上のものが6本あり（うち1本はアメリカスズカケノキ）、最大幹周は6.6 m。このうち、新宿門近くのプラタナスが最も壮大な樹形で、樹勢もよく、日本一にふさわしい。

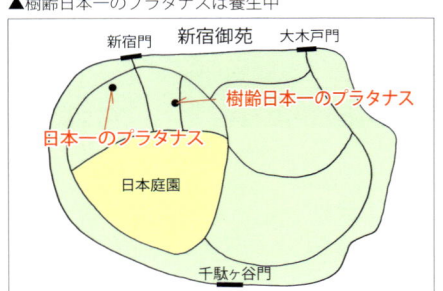

▲樹齢日本一のプラタナスは養生中

【アクセス】
丸ノ内線新宿御苑駅もしくはJR中央線千駄ヶ谷駅を降りてすぐ。

43 東京都

日本一のハクモクレン──早春に純白の花で覆われた姿が見事

新宿御苑のハクモクレン
（しんじゅくぎょえん）

上部分岐部が太くなって、幹周以上の迫力がある。2010.6.13 撮影

【樹種】ハクモクレン　【学名】*Magnolia denudata*
【特徴】モクレン科の落葉高木の広葉樹、中国原産。
【幹周】M 2.41 m（1.3 m 2010）　【樹高】14 m　【推定樹齢】200 年
【所在地】東京都新宿区内藤町 11　新宿御苑

ハクモクレンは中国原産のモクレン科の樹木。日本には江戸期に薬用として渡来したといわれ、各地に巨木が知られている。
- 愛知県新城市「大徳寺のハクモクレン」幹周 2.3 m で、2 位と考えられる。
- 山梨県北杜市「山高神代桜」で有名な実相寺のハクモクレン幹周 2.25 m。
- 長崎県平戸市「海寺跡のハクモクレン」幹周 2.2 m。
- 神奈川県小田原市「高長寺のハクモクレン」幹周 2.1 m。
- 静岡県浜松市志都呂町の個人所有のハクモクレンは幹周 2.0 m。
- 群馬県高崎市の「高崎公園のハクモクレン」は、幹周 4.2 m だが、根元近くで 4 分岐する。1619（元和 5）年に植えられたという樹齢 390 年余の老木で、幹周ほどの迫力はないが、渡来当初のハクモクレンと、時代的に近いと思われる。

　幹周 1 m 台のハクモクレンは全国に多数あると思われる。
　新宿御苑の歴史は江戸時代の信州高遠藩主内藤家の屋敷にさかのぼる。明治 5 年に新政府が「内藤新宿試験場」を開設し、明治 39 年に皇室の庭園として完成、戦後は国民公園として一般に開放され今日に至っている。
　現在知られている単幹のハクモクレンの中では、新宿御苑の巨木が日本一の迫力がある。
　このハクモクレンは日本庭園の茶室・楽羽亭(らくうてい)近くに立つ。花期は 3 月中旬で、花の頃は真っ白に全体が覆われ、幹が見えなくなるくらい咲き誇り、実に見事である。地上 2.5 m で 2 分岐し、分岐部が最も太く、主幹にコブが多く、枝は垂れるように伸び、壮大である。

▲群馬県「高崎公園のハクモクレン」

【アクセス】
丸ノ内線新宿御苑駅もしくは JR 中央線千駄ヶ谷駅を降りてすぐ。

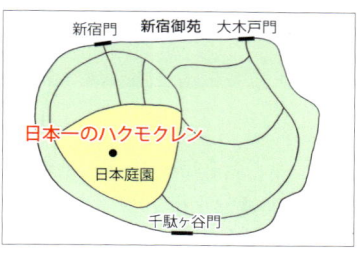

44 東京都 東京国立博物館のユリノキ

日本一のユリノキ——「ユリノキ博物館」の名はこの巨木から

東京国立博物館の代名詞にもなっている。　2012.6.26 撮影

【樹種】ユリノキ　【学名】*Liriodendron tulipifera*
【特徴】モクレン科の落葉高木の広葉樹、北米東部原産。
【幹周】M 5.90 m（0.9 m 2012）　【樹高】24 m　【推定樹齢】136 年
【所在地】東京都台東区上野公園 13-9

ユリノキの葉は奴凧のような特徴ある形をし、花はチューリップに似た黄色の花を咲かせる。成長の早さと育てやすさから、街路樹や公園樹として人気が高まり、各地に植えられるようになって、現在では日本の樹木のようになっている。

　新宿御苑の敷地が「内藤新宿試験場」として整えられた明治5年以降、欧米諸国の樹木などの栽培実験が行なわれ、ユリノキも種子で輸入されて育てられた。植えられたのは 1876（明治9）年といわれている。新宿御苑にあるユリノキのうち、遊歩道沿いの3本と、芝生の中にある1本が、この時育てられたユリノキで、そのうち芝生の中にある最も大きなユリノキ（幹周 M 5.13 m）が日本一とされてきた。ところが、東京国立博物館の本館正面にあるユリノキも、この時育てられた1本が移植されたことが判明し、2012年に調査したところ、日本一なのがわかった。

　上野公園から東京国立博物館を望むと、この巨大なユリノキが本館前に聳えるようにして立ち、その圧倒的な存在感を示している。そのため、この博物館は時に「ユリノキの博物館」と呼ばれるという。

　地上 1.5 m で大枝が出るが、10 m まで単幹でまっすぐに伸び、大きく枝葉を伸ばす見事な樹形である。ほとんど損傷がなく樹勢は旺盛である。樹齢から推定して、ユリノキの成長の早さは目を見張るものがある。日本で成長が早いスギでさえ、樹齢 140 年では、幹周 3 m を超えるほどであることを考えると、倍ぐらいのスピードがある ことになる。

▲東京都「新宿御苑のユリノキ」

【アクセス】
JR 上野駅、公園口に出て、上野公園を抜け、東京国立博物館正門に立てば、正面に立つ。

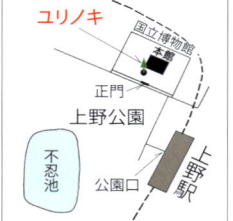

【位置】　北緯　35-43-06
　　　　　東経　139-46-32.4

45 東京都 御蔵島の大ジイ

日本一の根上りスダジイ——巨木の島、御蔵島の主

グロテスクな怪物のような樹形は、御蔵島の主のよう。2012.3.10 撮影

【樹種】スダジイ　【学名】*Castanopsis sieboldii*
【特徴】ブナ科の常緑高木の広葉樹、本州〜九州に分布。
【株周】M 13.24 m（1.6 m 2012）　【樹高】15 m　【推定樹齢】800 年
【所在地】東京都御蔵島南郷

　1995 年、全国巨樹・巨木林の会が御蔵島の巨木調査で発見し、幹周 13.79 m で日本一のスダジイとされた。撮影された画像を見ると、主幹は失われ、完全な根上り状になっていることが想像された。M 式では、幹が詰まった樹木と、根上りの樹木とは区別することにしている

ので、実態を正確に把握するために、御蔵島役場の調査許可を得て、2012年3月に取材調査を行った。結果、予想通り完全な根上りスダジイであった。地上1.3m地点の株周を測定することになるが、巨大な板根が4本張り出し、測定不能。測定可能地点は地上1.6mの板根が狭まった地点で、測定値は13.24mという結果であった。この地点でも、板根が少し張り出していて、巻尺と幹との間に空間ができ、幹の実態とは少し開きがある。しかし、根上りのスダジイでは、これほどの株周を記録する例が他にないことから、日本一の根上りスダジイに違いはない。

　御蔵島はアクセスが困難な島で、島内の山はガイドなしでは歩けない。しかも、雨天は入山禁止という制約があり、近年大ジイまで遊歩道がつけられたとはいえ、出会うのは簡単ではない。

　大ジイのある南郷地区の山林は、かつて炭焼きなどで経済活動があった場所で、現在原生林に見えるが、実は人の手の入ったところ。巨木は吹きつける強風から島の山林を守るために伐採を禁じたという。確認されたスダジイの巨木は600本にのぼるが、調査されていない場所にも多くあると聞き、まさに御蔵島は巨木の島である。

　大ジイは、展望デッキから見ることができる正面に巨大板根があり、西表島のサキシマスオウノキのような印象を受けるが巨大感はない。背後に回ると、巨大なコブをつけた根とも幹とも判別できない異様な幹があり、日本一の大きさを実感できる。一般にはこの姿を見ることができないのは残念だ。

▲展望デッキ正面から見た巨大な板根

【位置】　北緯　33-52-21.7
　　　　　東経　139-37-38.6

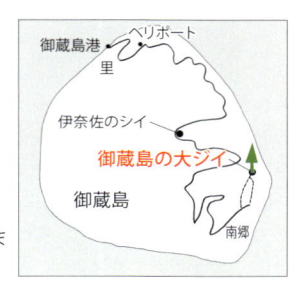

【アクセス】
御蔵島ではガイド必須。南郷まで車で30分、山道を約40分。

46 神奈川県

光則寺のカイドウ

日本一のカイドウ──満身創痍の渡来樹

市指定天然記念物

美しい傘状の屋根に支えられている。2012.4.26 撮影

【樹種】ハナカイドウ（カイドウ）　【学名】*Malus halliana*
【特徴】バラ科の落葉低木～小低木の広葉樹、中国原産。
【株周】M 1.50 m（0.3 m 2012）　【樹高】5 m　【推定樹齢】200 年
【所在地】神奈川県鎌倉市長谷3丁目9－7　光則寺

　ハナカイドウは、カイドウとも呼び、中国原産の樹木である。日本に渡来した時期ははっきりしないが、中国では牡丹に次いで愛好され、美人の形容に使われるほど美しい花を咲かせる。しかし、幹を枯らす虫がつきやすく、巨木に成長するものは稀である。そのため、カイドウの巨木の報告例はほとんどない。
　この「光則寺のカイドウ」は樹齢200年といわれる稀な古木である。しかし、近年樹勢が衰え始め、大掛かりな樹勢回復処置が施され、何と

か樹勢を保っている。主幹は0.5mで大きく2分岐していたが、この部分が腐り始め、補修材で保護されて、何とか幹を支えられている。しかし、分岐幹も半壊状で、極端に細くなった幹が、支柱に支えられてようやく立上がっている。今にも折れそうな姿が痛々しい。花は4月中旬で、訪れた下旬には花が少し残っていた。

光則寺は日蓮宗の寺院で、境内には宮沢賢治の詩碑がある。

▲主幹。大きく2分岐する。

【アクセス】
県道32号線の三叉路をすぐに左折して細い路地に入り、突き当りが光則寺。数台車が止められる。

【位置】
北緯　35-18-47.6
東経　139-32-00.4

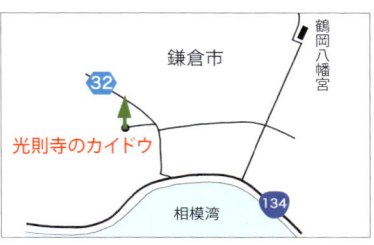

47 神奈川県

日本一のハルニレ──関東で最大とは意外な北国の樹木

有馬のハルニレ

県指定天然記念物

再び日本一になった有馬のハルニレ。2010.6.12 撮影

【樹種】ハルニレ 　【学名】*Ulmus davidiana* var. *japonica*
【特徴】ニレ科の落葉高木の広葉樹、北海道〜九州に分布。
【幹周】M 8.2 m（1.3 m 2010）　【樹高】20 m　【推定樹齢】400 年
【所在地】神奈川県海老名市本郷 3881

ハルニレは北国の山地に多く見られる樹木で、巨木のほとんどは北海道と東北に集中する。ところが、日本一は意外にも神奈川県にあり、この地域にハルニレがほとんどないこともあって、地元では何の木かわからず、「なんじゃもんじゃ」と呼ばれていた。ニレとは「滑れ」の意味で、皮を剥ぐと粘滑なことに由来する。早春に葉が出る前に黄緑色の目立たない小さな花を密につける。

　この巨木は海老名市本郷の交差点角、広大な空地の一角にある小さな広場に立っている。一帯はかつて有馬と呼ばれ、寛永年間に徳川三代将軍家光の御典医であった半井驢庵(なからい ろあん)がこの地に下屋敷を構えていた。ハルニレは驢庵が朝鮮に行ったときに2本持ち帰って屋敷の門前に植え、1本は明治初年頃に消失したという。この木の樹皮を煎じて飲むと安産になるといわれ、驢庵は薬としてもち帰ったものであろう。

　現地案内板では幹周6.58 mであるが、巨樹DBでは幹周7.5 mである。最近になって、青森県十和田市奥瀬で幹周7.55 mのハルニレが発見されて、「有馬のハルニレ」を抜いて日本一といわれた。この根拠も巨樹DBの数字が基になっている。ただ奥瀬のハルニレは「板根ハルニレ」と命名されたように、樹高40 mの幹を支えるために板根が発達したもので、発達した板根の部分を計測するため幹周が大きくなっていた。

　2010年にM式で「有馬のハルニレ」を測定した。結果は幹周8.2 m。よって、再び日本一が確認されたのである。地上6 mで分岐するが、一方の幹は切断されている。幹の根元に大きな空洞があり、トンネル状になって、中には大人数人が入れるという。しかし、今は入口が覆われてしまった。

◀全景、枝葉が密に生い茂る。

【位置】
北緯　35-25-06.8
東経　139-24-28.6

【アクセス】
厚木インターから、国道129・県道22・県道406を北上、1 kmで左道路沿いに立つ。

㊽ 神奈川県 中井のエンジュ

日本一のエンジュ── 僧義円ゆかりの縁起木

県指定天然記念物

背後が崩れているとはいえ、今なお巨大なエンジュだ。2010.6.12 撮影

【樹種】エンジュ　【学名】*Styphonolobium japonicum*
【特徴】マメ科の落葉高木の広葉樹、中国原産。
【幹周】M 6.1 m（1.3 m 2010）　【樹高】12 m　【推定樹齢】800 年
【所在地】神奈川県足柄上郡中井町雑色 227

エンジュは「槐」と書き、中国原産のマメ科の落葉樹である。中国では昔から「尊貴の木」として尊重され、最高官位は「槐位」と称された。周の時代、宮廷の庭に3本のエンジュが植えられていて、最高位にある三公はそれに向かって座ったという。そんなことから、中国では出世の樹として中庭に植えられる。我が国では「延寿」と同音で縁起がよいとされ、記念樹にされる。

　ニセアカシアとして知られるハリエンジュは北米原産で、白い花はよく似ているが別種で、こちらは春に咲き、エンジュは夏に咲く。

　全国のエンジュの巨木の報告は20件ほどで、幹周5～6m台がない。よって、幹周M6.1m（1.3m）は、日本一のエンジュである。

　「中井のエンジュ」は、1157（保元2）年、比叡山の僧義円が行脚の折り、この地に杖を挿したものが発根し、成長したという伝説を根拠に樹齢800年といわれている。

　雑色地内、道路より細い道を30mほど入った雑色自治会館前に立つ。樹下に天然記念物の石碑、石仏、石塔4基があり、集落の雰囲気から想像できない歴史を感じさせる空間がひっそり残っていた。

　地上2.5mで大きく2分岐し、支柱に支えられながらも樹形を何とか保っている。背後にはかつて大きな幹があったようで、崩れた部分を樹脂で補修してある。おそらく、現地の解説や環境省報告値、9.3mや8.0mは、この部分が健在であった頃の測定値であろう。

- 長野県東御市「黒槐の木」は、幹周4.5m。
- 岡山市「鬼子母神えんじゅ」は、幹周4.5m。根元2分岐。

▲遠景。狭い空間に窮屈そうに立つ

【位置】
北緯　35-19-50.2
東経　139-12-40.4

【アクセス】
東名・秦野中井インターで降り、県道77号線で雑色地内へ、県道沿い南側に細い町道があり、30m入る。

49 神奈川県

早川のビランジュ

国指定天然記念物

日本一のバクチノキ——樹皮の鮮やかな色彩が感動的

赤茶けた樹肌は、日本の樹木でも異彩を放つ存在だ。2008.11.28 撮影

【樹種】バクチノキ（ビランジュ）　【学名】*Laurocerasus zippeliana*
【特徴】バラ科の常緑高木の広葉樹、本州（関東以西）〜沖縄に分布。
【幹周】M 5.2 m（1.3 m　2008）　【樹高】20 m　【推定樹齢】350 年
【所在地】神奈川県小田原市早川字飛乱地 1374

ビランジュは毘蘭樹と書き、バクチノキ（博打の木）のことである。樹皮が剥がれて、赤茶色の幹がむき出しになることから、賭博に負けて身ぐるみ剥がされるたとえで、そう呼ばれる。面白いネーミングである。

　バクチノキは暖地の主として海岸地に生える樹木で、関東地方が北限とされている。巨木は稀で、全国でも報告例は少ない。

- ●福岡県嘉麻市、白馬山に2本のバクチノキがあり、それぞれ幹周3.7 mと2.5 mである。
- ●宮崎県延岡市「行縢（むかばき）神社のバクチノキ」は幹周3.5 m。
- ●三重県紀北町「豊浦神社のバクチノキ」は幹周3.2 m。
- ●山口県萩市「三見吉広（さんみよしひろ）のバクチノキ」は幹周2.3 mである。
- ●愛媛県宇和島市、瑞流寺の幹周5.5 mのバクチノキは分岐幹で、樹皮が似ていることからサルスベリと呼んでいる。

　幹周5.2 mの単幹樹である「早川のビランジュ」は別格で、国の天然記念物に指定されている。ところが日本一のバクチノキは、訪れる人もなく、静かに立っていた。最初の訪問時、場所がわからず近くの人々にも尋ねたが、ほとんどその存在を知っている人がいなかった。

　早川3丁目の町道脇から、ターンパイクの下を抜けて登る道は、案内板が設置されていないので注意。

▲三重県「豊浦神社のバクチノキ」

【位置】
北緯　35-14-30.9
東経　139-08-14.2

【アクセス】
ターンパイクの道路を上に見る山側に細い入口がある。ターンパイクの下をくぐり、山を登って進むと立つ。

50 静岡県 来宮(きのみや)神社(じんじゃ)の大(おお)クス

国指定天然記念物

樹齢日本一のクスノキ —— 寿命を延ばす霊力があるご神木

樹木というよりは無機質な巨岩のようである。2006.12.10 撮影

【樹種】クスノキ　【学名】*Cinnamomum camphora*
【特徴】クスノキ科の常緑高木の広葉樹、本州(関東以西)～九州に分布。
【幹周】M 18.5 m (1.3 m 2008)　【樹高】25 m　【推定樹齢】2,000 年
【所在地】静岡県熱海市西山町 43-1　来宮神社

樹齢日本一のクスノキということで知られるが、実際は明確な根拠があるわけではない。神社の創建が710（和銅3）年ということだから、創建時、樹齢700年の大クスがすでにあったことになる。

天然記念物の名称は「阿豆佐和気神社の大クス」となっているが、現在は「来宮神社の大クス」が一般的だ。日本一幹周の大きな「蒲生の大クス」(p.246)は幹周24.2 mで樹齢1,500年とされる。「来宮神社の大クス」の幹周が巨樹DBでは23.9 mとなっていて、日本一の座を譲った格好になっているが、実感は違う。「蒲生の大クス」は大きく根元に広がる樹形のため、測定される地上1.3 m部分が極端に大きくなる。実感される幹の太さはもっと上部で、幹周16 mほどが適当と思われる。対してこの大クスは、大きく2分岐しているとはいえ、根元の太さがそのまま立上がった樹形のため、木という概念を通り越して、'大岩'といった方が理解しやすいほど異様な樹形をしている。そのため推定樹齢2,000年ともいわれ、日本に生育するクスノキの中で最も古く、圧倒的な存在感があるため「蒲生の大クス」と共に日本一とした。2分岐している樹形から合体木の可能性があるといわれているが、大クスが分岐するのは珍しいことではなく、福岡県朝倉市の「隠家森」は3分岐する大クスだが、明らかに合体木ではない。

巨樹DBの幹周測定値は幹の凹凸に沿って測定された結果で、M式の測定値は18.5 mである。主幹は3 mで2分岐するが、南幹は1974年の台風で地上5 mで折れ、残念ながら今は切断されている。北幹は地上5 mあたりから数本に分岐し、こちらは今なお樹勢は旺盛だ。この大クスを1周すると1年寿命が延びるといわれ、巨木の霊力にあやかろうとする人々が何度も回っている。

▲大クスの周囲を回る人々

【位置】
北緯　35-06-02.4
東経　139-04-04.1

【アクセス】
熱海温泉の山側、JR来宮駅の前の道路を東に進み、線路の下をくぐってすぐ正面が来宮神社。右手に狭い駐車場があり、本殿の裏手に立つ。

51 静岡県 比波預天神のホルトノキ

日本一のホルトノキ──オリーブの木と誤認された怪樹

県指定天然記念物

奇怪な主幹はどのような成長過程をたどったものか。2008.11.28 撮影

【樹種】ホルトノキ　【学名】*Elaeocarpus zollingeri*
【特徴】ホルトノキ科の常緑高木の広葉樹、本州（千葉県以西）〜沖縄に分布。
【幹周】M 8.28 m（1.3 m 2008）　【樹高】24 m　【推定樹齢】500 年
【所在地】静岡県伊東市宇佐美上生戸 432　比波預天神社

ホルトノキとは珍しい名前の木である。名づけたのは平賀源内といわれ、源内がこの木をオリーブの木（ポルトガルの木）と誤認したことによるという。確かにホルトノキの葉と果実はオリーブにそっくりで、ホルトノキは古い葉が散る前に紅葉し、常に一部が紅葉していることや、葉の裏面の葉脈の違いなどで識別する。当時オリーブの実からつくるオリーブ油のことをホルト油といっていた。ホルトはポルトガルを意味する言葉で、オリーブ油がポルトガルから輸入されていたことによる。

　全国のホルトノキの報告は 250 件余りと多いが、ほとんどが幹周 3～4 m 台。幹周 6 m を超えると日本有数ということになる。

●静岡県伊東市「熊野神社のホルトノキ」幹周 6.4 m。
●宮崎県綾町「竹野のホルトノキ」幹周 6.3 m。
●静岡県河津町「東大寺のチイの木」幹周 6 m などがある。

　「比波預天神のホルトノキ」は、巨樹 DB では幹周 6.9 m となっているが、M 式での計測結果は幹周 8.28 m と極端に大きいことが判明した。境内入口の鳥居の横にも幹周 7.3 m のホルトノキの巨木があり、日本一、2 位が同じ境内にあることになった。見上げると、夕日に照らされたホルトノキは細密画のような独特の雰囲気があり、格別の美しさであった。

　急な参道を車で登ると狭い駐車場がある。正面に赤い屋根の本堂があり、境内の左の境に異様な樹形のホルトノキが立っている。根元から 1.3 m まで 3 分岐して立上がり、これが連理し一体となって、さらに 2～4 m で 3 分岐する。3 本の木が連理し、再び分岐するようにも見える。中心部に縦に割れる空洞が見られるが、樹勢は極めてよいようだ。

◀同じ境内にある 2 位のホルトノキ

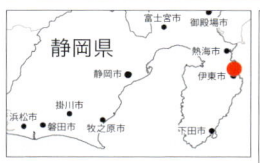

【位置】
北緯　35-00-38.2
東経　139-04-59.1

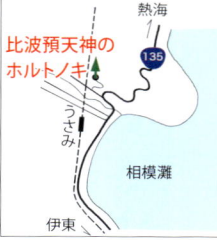

【アクセス】
国道 135、宇佐美に入る手前で大きくカーブする所で右折、細い町道に入り、すぐ参道の坂道を登ると駐車場で、左手斜面際に立つ。

52 静岡県 蓮着寺(れんちゃくじ)のヤマモモ

日本一のヤマモモ —— 1本でも森をなす、お寺の重鎮

国指定天然記念物

枝張りが見事だが写真に収まりきらない。2008.11.29撮影

【樹種】ヤマモモ　【学名】*Morella rubra*
【特徴】ヤマモモ科の常緑高木の広葉樹、本州〜沖縄に分布。
【株周】7.3 m（0.5 m）　【樹高】15 m　【推定樹齢】1,000年
【所在地】静岡県伊東市富戸835　蓮着寺

　日本一のヤマモモは、伊豆半島の中ほど、太平洋に面した蓮着寺境内にある。地上1 mほどから3分岐する樹形で、各々の幹周が4.2 m、3.2 m、2.5 mという巨大な幹である。そのため、数々の幹周値が存在する。根元周囲が7.3 m、地上1.3 mの幹周が8.6 m、分岐幹合計周が9.9 mである。M式ではもちろん7.3 mを採用することになる。ヤマモモの巨木は全国に多いが、この「蓮着寺のヤマモモ」が群を抜いて大きい。
- 京都府木津川市「海住山寺のヤマモモ」幹周5.8 mの単幹樹。
- 徳島県美波町「由岐のヤマモモ」幹周4.6 mの単幹樹。
- 京都市「養源院のヤマモモ」幹周4.35 mの単幹樹。

- 山口県防府市「阿弥陀寺のヤマモモ」幹周 4.1 m の単幹樹。
- 宮崎市「佐土原のヤマモモ」根元周囲 6.2 m の 7 分岐幹。
- 愛知県田原市「大久保神社のヤマモモ」幹周 5.9 m で、1.5 m で 2 分岐幹。
- 奈良市「王龍寺のヤマモモ」幹周 4.3 m の根元で 3 分岐幹。

「蓮着寺のヤマモモ」は、1本で森を形成するたとえのような大きさで、枝張りが東西 22 m に達する。蓮着寺という寺名も珍しい。この寺は日蓮上人ゆかりの寺で、鎌倉幕府の怒りをかって上人がこの地に流された。その縁地に建てられたことから寺名を与えたという。

▲宮崎県「佐土原のヤマモモ」

【位置】
北緯　34-52-57.3
東経　139-07-50.9

53 静岡県 益山寺の大カエデ（ましやまでら おおカエデ）

県指定天然記念物

日本一のイロハモミジ――山寺にうねる豪快な主幹

まるで鋳物でも見るような樹肌をしている。2006.12.10 撮影

【樹種】イロハモミジ　【学名】*Acer palmatum*
【特徴】ムクロジ科の落葉高木の広葉樹、本州（福島県以西）～九州に分布。
【幹周】M 4.9 m（1.3 m 2006）　【樹高】20 m　【推定樹齢】900 年
【所在地】静岡県伊豆市堀切 760　益山寺

モミジはカエデ属の樹木の総称である。太平洋側に分布するイロハモミジや日本海側に分布するヤマモミジなど27種あり、園芸品種も様々な種類がつくられ、庭園などに多く植えられている。巨木として報告されているモミジの多くはイロハモミジである。全国に巨木が多く知られるが、ほとんどは幹周3m前後で、4mを超えるものは少ない。

- 日本一幹周の大きいイロハモミジは岐阜県郡上市「領家のモミジ」（p.164）で、幹周5.17m、地上2mで4分岐幹。
- 岩手県一関市「一関のイロハモミジ」幹周4.85m。荒れ果てた城址にあり、案内なしには到達不能。単幹3位にランクされる。
- 大阪府河内長野市「延命寺の夕照モミジ」幹周5.0mだが、根元で2分岐幹。
- 岩手県奥州市「荒谷のイロハモミジ」幹周4.15mで、1.2mで2分岐幹。

　「領家のモミジ」と「益山寺の大カエデ」は共に甲乙つけがたい魅力があり、日本一を2本にすることにした。

　目指すモミジは石段を登った境内、本堂前にある。主幹は凹凸が激しく、古木ならではの風格がある。地上5mで5分岐する見事な単幹樹である。主幹は谷側に斜上し、全体が帚のようになって傾いている。樹形としては難があるが、主幹の見事さは他に比較するものがないほど豪快だ。巨大カエデの紅葉を見たいものだと12月10日に訪れたが、まだ五分程度で、見頃は中旬以降だろうか。温暖なこの地の紅葉はずい分遅い。

▲第3位の「一関のイロハモミジ」

【位置】
北緯　35-00-23.8
東経　138-54-21.1

【アクセス】
大仁南インターで降り、市道に入って堀切に向かう。山田川を渡って、谷の奥、山田から林道のような細い道を登ると益山寺。本堂前に立つ。

54 静岡県 猪之頭(いのがしら)のミツバツツジ

県指定天然記念物

日本一のミツバツツジ——村全体を華やかに彩るツツジの巨樹

満開のミツバツツジは圧巻だ。2012.4.26 撮影

【樹種】ミツバツツジ　【学名】*Rhododendron dilatatum*
【特徴】ツツジ科の落葉低木の広葉樹、北海道～九州に分布。
【株周】1.7 m（0.1 m 2012）　【樹高】4.5 m　【樹齢】不明
【所在地】静岡県富士宮市猪之頭

　ミツバツツジは、葉が枝先に 3 個輪生することからミツバの名前がある。よく似た種に、サイゴクミツバツツジ、トウゴクミツバツツジなどがあり、葉の形状や毛の有無などで識別するが、一般にはわかりにくい。これらの種は巨木に成長するものは稀で、巨樹 DB にも報告がなく、「猪之頭のミツバツツジ」は他に例のない巨木である。

　根元で 7 本に分岐し、最も太い幹は幹周 0.63 m ある。樹冠も大きく、東西 6.7 m、南北 7.3 m に及ぶ。花は 4 月 20 日頃で、葉の出る前に樹木全体を桃色の花が覆い、見事な景観を創り出す。

地元では開花期にサトイモを植える時期に当たり、「イモウエツツジ」と呼ばれ、この地方の季節の移り変わりを教えてくれる。猪之頭集落には、このツツジの分身であろうか、家々の庭先に大きなミツバツツジがあり、集落全体が華やかな色彩に彩られていた。

▲驚くべき太さの幹

【位置】
北緯　35-21-52.5
東経　138-33-49.8

【アクセス】
猪之頭集落の中程、道路から西に少し入った土盛りの上に立つ。

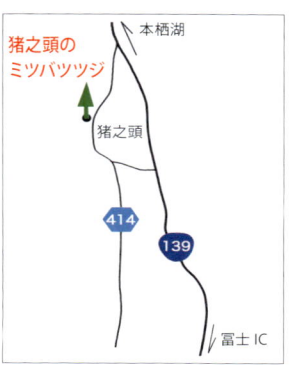

55 日本一のザクロ──巨大な盆栽を思わす見事な樹形

山梨県

小原東(こばらひがし)のザクロ

県指定天然記念物

ちょうど花の季節で、朱色の花が青空によく映える。2010.6.12 撮影

【樹種】ザクロ 　【学名】*Punica granatum*
【特徴】ザクロ科の落葉小高木の広葉樹、小アジア原産。
【幹周】M 1.75 m（0.2 m 2010）　【樹高】7.35 m　【推定樹齢】125 年
【所在地】山梨県山梨市小原東 1013

　ザクロは小アジア原産の果樹で、6月頃朱色の花を咲かせ、秋にはご存知の甘酸っぱい実がなる。ザクロの巨木はなぜか山梨県に集中している。
　この「小原東のザクロ」は住宅地の中にあるので、カーナビの案内が

確実である。門を入ってすぐ、玄関先にザクロが立っている。正に古木の風格が漂い、幹は空洞化しているものの、太い皮のようになった幹が、巻き上がるように伸びている様は圧巻だ。若い幹が 4 〜 5 本立ち上がって、いまだ健在であることを示している。訪れた日はちょうど朱色のかわいい花がいっぱい咲いていた。個人宅で樹齢 100 年を超える古木の管理をしてきたことは、並々ならぬ苦労があったと察する。

　根周は 1.75 m で、地上 0.6 m 付近が 1.62 m、地上 1.5 m 付近が 1.25 m と、主幹は実に立派で、日本一といえる大きな理由でもある。

- ●千葉県松戸市「竹内家のザクロ」幹周 1.7 m、樹齢 450 年。
- ●山梨市「七日市場のザクロ」幹周 1.65 m の分岐幹。
- ●山梨県富士川町「青柳宅のザクロ」幹周 2.0 m は不明。

▲古木の風格のある根元

【位置】
北緯　35-41-37.1
東経　138-41-37.2

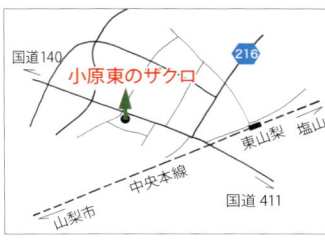

【アクセス】
東山梨駅の西の住宅地にあり、カーナビ案内がよい。
（立入要許可）

法善寺のサルスベリ

山梨県 56

日本一のサルスベリ——艶ある肌に美事な凹凸、法善寺のシンボルツリー

市指定天然記念物

サルスベリ独特の艶のある樹肌は見事である。2008.7.10 撮影

【樹種】サルスベリ　【学名】*Lagerstroemia indica*
【特徴】ミソハギ科の落葉小高木の広葉樹、中国南部原産。
【幹周】M 3.04 m（分岐 0.5 m 2008）　【樹高】8 m　【樹齢】不明
【所在地】山梨県南アルプス市加賀美 3509　法善寺

日本一のサルスベリは、茨城県の「千代田カントリークラブのサルスベリ」(p.84) 幹周 4.37 m、ということになっていた。ところが取材の結果、別種のシマサルスベリと判明。これによって、日本一のサルスベリが不明になった。

　2008 年、山梨県の南アルプス市周辺の巨木密集地帯を再調査した。たまたま、調査で近くを訪れた際に立ち寄ってみたところ、その幹を見て仰天した。地上 0.5 m まで単幹で、測定すると何と 3 m 以上ある。これまで探していた日本一のサルスベリにとうとう出会えたという感動で満たされた。

　法善寺は境内の広いお寺で、自然園が広がり、円形の噴水池などもあって、和洋折衷の庭園は実に爽快だ。サルスベリは奥の方にあり、地上 0.5 m で 2 分岐し、主幹は 1.5 m で 4 分岐、西幹は 1.3 m で 3 分岐する。損傷はほとんどなく、大きく枝葉を広げている。主幹にはコブや凹凸が多く、古木の風格が漂い、実に見事なサルスベリである。

- 富山市「馬瀬口の大サルスベリ」幹周 1.94 m は単幹樹。
- 岐阜県関市「田畑の百日紅」幹周 4.53 m は、根元 5 分岐の合計周。
- 栃木県宇都宮市「共同墓地のサルスベリ」幹周 4.32 m は分岐幹の合計周。
- 長野市「中村のサルスベリ」幹周 3.6 m は、根元 4 分岐の合計周。
- 京都府福知山市「岡ノ二町のサルスベリ」幹周 3.57 m は、根元分岐の合計周。
- 東京都八王子市「松木大石宗虎屋敷のサルスベリ」幹周 3.3 m は根元 2 分岐の合計周。
- 大分県安岐町「瑠璃光寺のサルスベリ」根周 2.1 m で、根元 2 分岐。

◀ 珍しい単幹の富山県「馬瀬口の大サルスベリ」

【位置】
北緯　35-36-11.3
東経　138-29-06.7

【アクセス】
中部横断自動車道・南アルプスインターを降り、東南 1.5 km に法善寺がある。南門から進み、巨大な建物の奥に立つ。

日本一のエドヒガン——巨大な枯幹に花を咲かせた現代技術の妙技

山梨県 山高神代桜（やまたかじんだいざくら）

国指定天然記念物

新しい幹に現在も花を咲かせている。2008.4.7 撮影

【樹種】エドヒガン　【学名】*Prunus spachiana*
【特徴】バラ科の落葉高木の広葉樹、本州〜九州に分布。
【幹周】10.6 m（1.3 m）　【樹高】9 m　【推定樹齢】1,800 年
【所在地】山梨県北杜市武川町山高 2763　実相寺

　巨樹 DB に報告されているエドヒガンの巨木は多い。
- 幹周 12 m 台が、愛媛県新居浜市「別子山のエドヒガン」幹周 12.41 m。これは根周で、実際は幹周 7.0 m の分岐幹である。
- 幹周 11 m 台が 2 本あり、富山県南砺市「向野のエドヒガン」幹周 11.4 m。これも根元からの分岐幹で、合計周である。長野市「素桜神社の神代桜」幹周 11.3 m。これも根元からの分岐幹の合計周。

●幹周10m台が3本あり、その中に幹周10.6m「山高神代桜」が含まれる。この幹周はほぼ実感通りである。他の2本は、鹿児島県伊佐市「奥十曽のエドヒガン」(p.244)幹周10.99m。一般にこれが日本一のエドヒガンといわれる桜。もう1本は、山形県長井市「草岡の大明神桜」幹周10.91m。これが数字の上で日本で2番目となっている。

分岐幹を除いたものを検証すると、「奥十曽のエドヒガン」はM式で計測すると根上りのため株周10.8m。「草岡の大明神桜」の幹周も、幹の凹凸に沿っての測定で、実際の幹周は9mほど。このように、これまでの幹周の報告は、実感とかけ離れたものであった。このように幹周を検証すると、「山高神代桜」が日本一のエドヒガンとしてふさわしいことが判明した(他の観点から岐阜県本巣市「根尾谷の薄墨桜」(p.166)も日本一タイにした)。

神代桜があるのは、実相寺境内の南側。境内は桜で埋め尽くされ、神代桜の実生から育てられた桜や、全国の有名な桜も植えられ、まさに桜の寺である。

伝説によれば、今から1,800年前、日本武尊が東夷征伐の帰路にこの地に留まり、桜を記念樹として植えたという。神代の時代に植えられた桜から、神代桜と呼ばれるようになったらしい。日本最古の桜ともいえよう。

▲山形県「草岡の大明神桜」

【アクセス】
中央道須玉インターから車で10分。

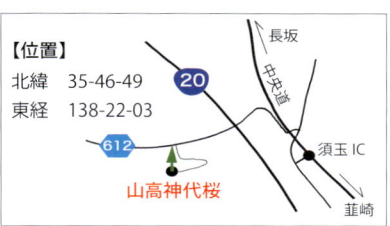

【位置】
北緯 35-46-49
東経 138-22-03

山梨県

58 櫛形山の大カラマツ

日本一のカラマツ――兜型樹形が勇ましい櫛形山の守護神

霧に霞む姿は、森の主のよう。2008.7.11 撮影

【樹種】カラマツ　【学名】*Larix kaempferi*
【特徴】マツ科の落葉高木の針葉樹、本州（東北地方南部〜中部地方）に分布。
【幹周】M 5.80 m（0.3 m 2008）　【樹高】18 m　【推定樹齢】400 年
【所在地】山梨県南アルプス市　櫛形山

カラマツの巨木の報告は 61 件あり、そのうち最大のものは岩手県岩泉町にあるという幹周 6.0 m のカラマツである。分岐カラマツで、合計周とのこと。最近の情報では、尾瀬の特別保護区で幹周 5.52 m の単幹カラマツの巨木が発見されたという。長野県の蓼科の別荘地にも幹周 5.3 m ほどの分岐カラマツがあるという。あとのカラマツの幹周は 4 m 台がほとんどである。

　かなり以前になるが、櫛形山の原生林に株周 9 m の大カラマツがあるという情報があった。これが事実ならば断突日本一のカラマツになる。櫛形山は標高 1,870 m まで車が入り、登るのに苦労する山ではない。しかし、正確な位置の情報が皆無で、探索に困難が予想されたが、とにかく登って調査してみることにした。この山は、山頂近くの湿地にアヤメの群生地があり、初夏のハイカーのほとんどは花目当てである。

　標高 2,000 m ほどの尾根の窪地に地元ではよく知られた大カラマツがある。地上 2 m で 2 分岐する樹形で、根元の最もくびれた部分で幹周 5.8 m、地上 1.3 m で幹周 8.1 m ある。目指すところの株周が 9 m、根元近くで 3 分岐するという大カラマツは原生林の奥深いところにあるのか、かなり藪こぎをして探したが、所在がとうとうつかめなかった。

　この時点で、日本のカラマツを M 式で評価すると、幹周 5.8 m の「櫛形山の大カラマツ」が日本一になる。株周 9 m の大カラマツを未確認のまま、日本一を宣言するのは心苦しいが、暫定日本一としておきたい。

◀ 遠景

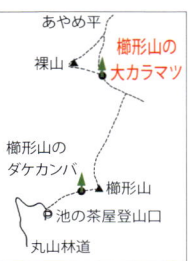

【アクセス】
池の茶屋登山口から登り、櫛形山を経て、裸山に向かって、アヤメ平の分岐に立つ。

【位置】
北緯　35-35-52.8
東経　138-22-27.3

59 山梨県 櫛形山(くしがたやま)のダケカンバ

日本一のダケカンバ──神が宿る美形の巨大三頭木

3分岐する巨木は三頭木といって、神が宿るとされた。2008.7.11 撮影

【樹種】ダケカンバ　【学名】*Betula ermanii*
【特徴】カバノキ科の落葉高木の広葉樹、北海道、本州、四国に分布。
【幹周】M 5.56 m（分岐 1.0 m　2008）　【樹高】15 m　【推定樹齢】200 年
【所在地】山梨県南巨摩郡富士川町　櫛形山

ダケカンバの巨木の報告例は巨樹 DB によれば全国で 13 例と少ない。最大は、青森県新郷村の「戸来岳のダケカンバ」で、幹周 4.76 m の分岐幹である。地元では日本一のダケカンバと呼んでいる。この木が発見されるまでは北海道西興部村のダケカンバが幹周 4.1 m でトップだった。

　ダケカンバは、カバノキ科の樹木で、高山や北地の山地に生え、シラカバによく似ているが、少し樹皮が赤みを帯びる。積雪地帯にあるため、幹が変形したものが多く、すんなり伸びるシラカバとは雰囲気が異なる。北陸の白山山系では、標高が低いところではブナの原生林が広がり、高山帯に近くなるとダケカンバの原生林がある。きれいにすみ分けをしている姿が印象的だ。

　2008 年に山梨県の櫛形山にカラマツの巨木調査に向かった折り、標高 2,000 m の尾根筋にダケカンバの巨木が点在しているのを発見した。大きいものは 3 本あり、すべて地上 1 ～ 1.3 m 付近で 3 分岐する。この樹形のため、伐採から逃れたものか。

　その 3 本のダケカンバを詳しく調査した結果、幹周が下に位置するものから順番に M 5.56 m、M 5.22 m、M 5.93 m であった。測定位置はすべて根元のくびれた位置で、地上 1 m 付近であった。この 3 本はいずれも日本新記録のダケカンバに相当する。幹周では 5.93 m が最も大きいが、これは地上 1.0 m で 3 分岐し、分岐幹が不自然に伸びて樹形が悪い。5.56 m のダケカンバは、尾根の急斜面を登りきったところにあり、地上 1 m で 3 分岐して樹形が美しい。よって、総合的に判断して、これを日本一とした。

　分岐幹の 1 本は直立し、8 m 付近で 2 分岐する。南幹は半分朽ちるが、細い枝が健在。北幹は 3 m 付近から大枝を水平に出している。ダケカンバは巨木が存在しないと思われがちな樹種なので、今後発見される可能性が高い。多いに期待したい。

▲幹周 M 5.22 m のダケカンバ

【位置】
北緯　　35-35-09.4
東経　　138-22-02.6

【アクセス】
中部横断道、増穂で降りて、県道 413 から丸山林道に入り、池の茶屋登山口から櫛形山に登り、50 分ほど。頂上のすぐ手前の尾根に取りついた所に立つ。

新潟県 60

日本一のエノキ──生き仏伝承が真実みを帯びる怪樹

行塚の大榎（ぎょうづかのおおえのき）

まるで岩のような幹は迫力満点だ。2012.5.6 撮影

【樹種】エノキ　【学名】*Celtis sinensis*
【特徴】アサ科の落葉高木の広葉樹、本州〜九州に分布。
【幹周】M 8.43 m（1.3 m　2012）　【樹高】15 m　【推定樹齢】500 年
【所在地】新潟県長岡市島田

これまで日本一のエノキは徳島県つるぎ町の「赤羽根大師の大エノキ」ということになっていた。旧環境庁が行った調査記録の幹周 8.7 m が根拠である。2008 年の現地調査では、これは下部接地面の測定値で、M 式では 7.95 m であった。これでも当時では日本一であった。ところが、2012 年にこれまで地元で幹周 7.3 m という新潟県の「行塚の大榎」を測定した結果、幹周 8.43 m あることが判明し、日本一に躍り出た。

　信濃川沿いの、広々とした水田地帯の一角に立つ。明治初年頃にこの地を訪れた行者が、この古木の偉容と、村人の人情の厚さに感じ、「この木の下に生き仏として入りたい」と申し入れた。村人はこの申し入れに戸惑いながらも、行者を箱に納め、息抜きの仕掛けをして埋めたという。以来、この地を行塚と呼ぶようになったという。

　もともと根元近くで 3 分岐した樹形であったようだが、成長に従って融合し、現在では地上 2 m で 3 分岐する樹形になった。幹は凹凸が激しく、樹皮は鮫肌で硬く痛い。内部は朽ちかけているが、樹勢は旺盛だ。

- ●徳島県三好市「山の神さんの榎」幹周 7.9 m の見事な単幹樹。
- ●岡山県高梁市「飯山のエノキ」幹周 8.6 m だが、大きく破損する。
- ●石川県宝達志水町「当の熊のエノキ」幹周 8.1 m だが、根元 2 分岐。
- ●福井県勝山市「松ヶ崎のエノキ」幹周 8.0 m だが、倒木。
- ●鳥取県湯梨浜町「筒地の大エノキ」幹周 7.2 m で枯死。

◀二番目に大きい徳島県「赤羽根大師の大エノキ」

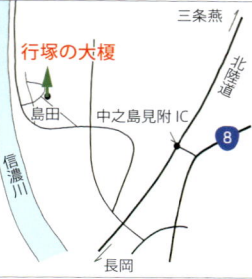

【位置】
北緯　37-32-23.6
東経　138-50-37.2

【アクセス】
中之島見附インターからはかなり複雑。カーナビでの案内が無難。

61 一の瀬のシナノキ

長野県

県指定天然記念物

日本一のシナノキ──老木の風格漂う見事な主幹

内部は空洞化しているが、主幹は凄みがある。 2009.10.25 撮影

【樹種】シナノキ　【学名】*Tilia japonica*
【特徴】シナノキ科の落葉高木の広葉樹、北海道〜九州に分布。
【幹周】M 8.39 m（1.3 m 2009）　【樹高】23 m　【推定樹齢】800 年
【所在地】長野県下高井郡山ノ内町志賀高原一の瀬

日本一のシナノキは志賀高原のスキー場の中にある。シナノキは木の内皮の繊維が強く柔軟なため、加工して和紙や縄などに使用された。一説によれば、京都に朝廷があった頃、信濃の国（現在の長野県）では和紙を献上することが多かったことから、長野県下を「しなの」と呼ぶようになったという。

- 青森県田子町の「四角岳のシナノキ」が幹周 14.44 m で日本一と地元ではいわれている。これは、主幹と 7 本の分岐幹からなるシナノキで、分岐幹の合計周。主幹は 7.86 m で測定部が膨らんだ樹形である。
- 青森県十和田市「松森沢のシナノキ」幹周 8.54 m で、日本第 2 位。
- 青森県鶴田町「浄林寺のシナノキ」幹周 8 m で、墓地に立つ。
- 山形県鶴岡市「池の平のシナノキ」幹周 7.92 m、見事な樹形をしている。
- 岩手県岩泉町「早坂のシナノキ」幹周 7.7 m。
- 秋田県羽後町「地蔵院のシナノキ」幹周 7.3 m。

　「一の瀬のシナノキ」の報告幹周は 8.6 m とされるが、この数字は幹の凹凸に沿って測定されたもので、M 式で測定した結果は幹周 8.39 m である。これでは「松森沢のシナノキ」が日本一になってしまうが、幹の半分が朽ちて空洞化している上、背後の下部が膨らんで、その上に細い幹が 3 本立上がる樹形だ。測定値はそのような樹形から生まれたもので、両者を主観的に比較した場合、明らかに「一の瀬のシナノキ」が立派である。

　このシナノキは、遊歩道の先に展望デッキが設けられて、ダケカンバ林の中、斜面の上に立っているのが見られる。主幹は直立し、東側に太い幹が斜上する。西側にも細い幹が立つ。上部は折れ、樹高は低くなってはいるが、主幹にコブが多く、老木の風格が漂っている見事なシナノキである。

◀全景

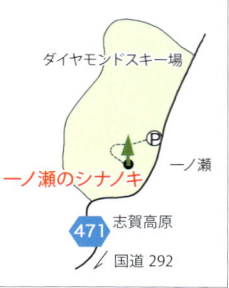

【位置】
北緯　36-44-34
東経　138-30-31

【アクセス】
志賀高原一の瀬のダイヤモンドスキー場の駐車場に案内板がある。案内に従って「しなの木コース」をたどると雑木林の中に立つ。

日本一のイヌザクラ──寿命と闘う姿は壮絶、強靭な生命力

長野県 静の桜（しずかのさくら）

県指定天然記念物

樹勢回復治療が終えて、現れた主幹は壮絶な趣き。2012.6.20 撮影

【樹種】イヌザクラ 　【学名】*Padus buergeriana*
【特徴】バラ科の落葉高木の広葉樹、本州〜九州に分布。
【幹周】M 9.03 m（1.3 m 2012）　【樹高】10 m　【推定樹齢】1,000 年
【所在地】長野県大町市美麻大塩薬師堂

日本一のイヌザクラは「静の桜」という美しい名前だ。別名「大塩のイヌザクラ」ともいう。イヌザクラは案外知られていない種類である。サクラといっても花の美しいヤマザクラの仲間ではなく、花が地味なウワミズザクラの仲間だ。小さい花をよく見ると、サクラの花によく似ている。白い尾のような密集した花序を出し、よく似たウワミズザクラは花序に葉がついているが、イヌザクラは葉がないので識別できる。

　イヌザクラの巨木は全国に多いが、なぜかウワミズザクラは少ない。理由はよくわからない。

- 青森県八戸市「中居林のイヌザクラ」幹周 M 5.31 m で、地上 2 m で 2 分岐する堂々たる巨木だ。
- 高知県香美市「さおりヶ原のイヌザクラ」幹周 5.17 m。
- 福島県喜多方市「駒形堰のイヌザクラ」株周 4.75 m で 5 本の株立ち。
- 岐阜県下呂市「赤沼田のサクラ」幹周 4.6 m。
- 長野県茅野市「峰たたえのイヌザクラ」は、2 本の株立ち、株周 M 6.7 m、樹高 29 m の壮大なイヌザクラで、第 2 位としたい。

　「静の桜」は幹周 8.0 m との記録であるが、現在樹勢回復のため、最近まで主幹に保護シートが巻かれていた。2012 年に保護シートがほとんど排除され、壮絶な年月を物語る主幹が現れた。樹齢 1,000 年に思わず納得する。

　静の桜公園入口に立ち、よく整備されている。地元では、源義経の愛妾であった静御前がこの地を通ったときに、ついていた杖をここに挿したのが根づいたとされ、名前の由来になっている。

◀ 株立ちだが壮大さゆえ第 2 位としたい
長野県「峰たたえのイヌザクラ」

【位置】
北緯　36-32-02.8
東経　137-53-34.2

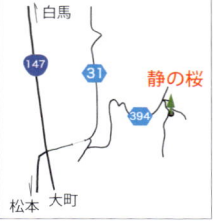

【アクセス】
大町の国道 147 号線から県道 31 号線に入り、トンネルを抜けてすぐ 394 号線に入り、峠を下ると大塩、案内板に従って公園に入るとすぐ左手に立つ。

小黒川のミズナラ

63 長野県

日本一のミズナラ――捩れた根幹に山の神の生命力が宿る

国指定天然記念物

捩じれて立上がる豪快な主幹。2008.10.7 撮影

【樹種】ミズナラ　【学名】*Quercus crispula*
【特徴】ブナ科の落葉高木の広葉樹、北海道〜九州に分布。
【幹周】M 7.30 m（1.3 m 2008）　【樹高】22 m　【推定樹齢】300 年
【所在地】長野県下伊那郡阿智村清内路

このミズナラは、巨樹DBでは幹周9.4mとされている。しかし実際にこのミズナラをM式で測定した結果は、大きく異なり幹周7.3mであった。堂々とした単幹樹で、分岐幹でもないため9.4mの意味するところがわからず、試しに根周を測定してみると、近い数字が出た。

　全国にこの幹周を上回るミズナラがいくつか報告されている。
- 秋田県大仙市の川口山国有林に幹周9.25m、小影山の北部に幹周11.3mのミズナラが知られているが、両者は分岐幹の合計周らしい。
- 青森県むつ市「脇野沢のミズナラ」幹周9.39mということだが、分岐幹の合計周で、実際は5mほど。
- 2009年に発見された群馬県片品村の幹周8.85mのミズナラは、内部は空洞化していて、片側が半壊状態。道がなく、ガイドなしにはたどり着けない。幹の膨らんだ部分を測定。
- 北海道名寄市の幹周9.1mのミズナラは倒木した。
- 秋田県大仙市「薬師岳のミズナラ」幹周6.9m、堂々とした巨木だが、どのように計測したものか不明。

　よって、ミズナラに関しては暫定的であるが、この「小黒川のミズナラ」を日本一にすることにした。

　地上2～4mで16分岐もし、主幹は捩れるように立ち上がる見事な樹形である。コナラやミズナラは薪炭の用材として切出され、巨木として残ることは稀。このミズナラは巨大だったため、山の神として生き残ったものであろうか、根元に小さな山の神の祠がある。大切に守られてきたことが伺われ、自然林に立つミズナラと一線を画する品格が感じられた。

◀ 2012年6月、大きな北枝が折れ、大きく樹形が変化した。
（写真：阿智村役場清内路振興室）

【アクセス】
飯田から国道153で西に、阿智村で国道256へ入る。清内路村役場から1km、大きくカーブする所で小黒川林道に入り、3kmで立つ。

【位置】
北緯　35-31-24.7
東経　137-42-14.2

中山の万代杉

64 富山県 — 幹周日本一のスギ――植物の成長過程の神秘性に感動

巨木というより、巨大生命体。2011.5.11 撮影

【樹種】スギ　【学名】*Cryptomeria japonica*
【特徴】ヒノキ科の常緑高木の針葉樹、本州～九州に分布。
【幹周】M 18.4 m（1.3 m　2011）　【樹高】20 m　【推定樹齢】1,600 年
【所在地】富山県中新川郡上市町伊折中山

　「縄文杉」（p.250）を上回る幹周の巨杉はひょんなことから発見された。2007 年 9 月 3 日、剣岳を一望できる山として知られる中山の尾根にある五本杉を取材しようと出かけた。標高 1,200 m 付近の尾根で、大きなスギの先端が顔を出していて、興味本位で藪こぎをして偶然発見したものである。

全容は一目ではわからないくらい大きい。急斜面を這うように一周して初めてどのような樹形かが認識できた。早速計測すると何と19.1m。一口に樹形を説明できないほど複雑だ。一代でこれだけ巨大な杉に成長したとは考えにくい。おそらく合体木であろう。

　全体は地上2mで3分岐する。直立した南幹、北側に斜上する中央幹、これに融合する形の北幹。南幹の根元には3畳ほどの大きな空洞がある。この空洞は、かつて大杉が存在した証であろうか。急斜面に立ち、高低差は5m。幹周は地上1.3mを斜面に平行に測定した値である。

　2011年5月に再び訪れて丁寧に計測した結果、18.4mという結果が出た。急斜面に立ち、高低差が5mもある立地のため、前回は一人では正確に巻尺を回せなかったことによる誤差であった。それでもなお「縄文杉」を上回る幹周があった。万代杉は樹形としては分岐幹に分類されるので、単幹では「縄文杉」が日本一ということになる。

【アクセス】
国有林で、道がないため危険。

▲全景。3本の幹が根元近くで繋がっている。

65 富山県 上日寺(じょうにちじ)のイチョウ 国指定天然記念物

日本一の雌株イチョウ —— 偉大な母のごとき豊麗な樹形

参道から見る主幹は実に見事である。1996.11.10 撮影

【樹種】イチョウ 　【学名】*Ginkgo biloba*
【特徴】イチョウ科の落葉高木の広葉樹、中国原産で雌雄異株、本種は雌株。
【幹周】M 11.8 m（1.3 m 2011）　【樹高】24 m　【推定樹齢】1,340 年
【所在地】富山県氷見市朝日本町 16–8　上日寺

イチョウは仏教伝来と共に中国から渡ってきたとされ、当初、薬として利用されたと考えられる。近年まで乳の出ない婦人に、気根を削り、煎じて飲ませると効果があると信じられ、各地に乳イチョウの伝承が語り継がれている。イチョウは雌雄異株の樹木で、気根はなぜか雄株に多く出る。そのため、当初雄株が輸入されたと思われ、日本のイチョウの巨木はほとんど実のならない雄株である。

　「上日寺のイチョウ」は、晩秋にぎんなんが見事なほどなる。上日寺が創建された673年に植樹されたと伝えられることから、樹齢1,340年以上ということになる。雌株だけでは結実しないため、同時に雄株も植えられたと考えられるが、現在それは残されていない。地上5mほどまでほぼ単幹樹で、その上に、太い主幹を取巻くように大小9本の幹が立上がる。気根は少なく、正面の主幹から長さ1mほどのものが数本見られるのみ。現在、主幹の先端が15mほどで切断されている。主幹が健在な頃は、樹高40mもある巨大なイチョウであったという。

　巨木の文献では、雌雄の記述がないため、今までそれぞれの日本一がわからなかった。全国の幹周10m以上のイチョウをほぼ調査した結果、雌株では宮崎市「去川のイチョウ」幹周11.7m、熊本県小国町「下の城のイチョウ」幹周10mの2本が確認されたのみであった。

　よって、日本一の雌株イチョウは「上日寺のイチョウ」と判明した。ちなみに、M式で測定して全国2位になった、徳島県上板町の「乳保神社のイチョウ」は、雌株と記述された文献もあるが、実際は雄株である。

◀ 落葉後に見える主幹。

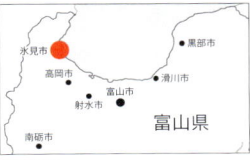

【位置】
北緯　36-51-11
東経　136-58-59.6

【アクセス】
能越自動車道、氷見で降りて、国道160を南下、トンネルをくぐってすぐ左折、600mで左折、再び左折、正面に立つ。

刀利のサワグルミ

66 富山県

日本一のサワグルミ──人知れぬ谷間にたたずむ巨大な隠者

一見カツラの巨木かと思うが、葉が違う。2010.5.6 撮影

【樹種】サワグルミ　【学名】*Pterocarya rhoifolia*
【特徴】クルミ科の落葉高木の広葉樹、北海道〜九州に分布。
【株周】M 8.2 m（1.3 m 2010）　【樹高】25 m　【樹齢】不明
【所在地】富山県南砺市刀利

日本のクルミ科の樹木にはオニグルミとサワグルミがある。種子の食べられるオニグルミは山地の川沿いに生え、よく分岐する樹形。対して種子が小さく食べられないサワグルミは山地の谷筋にあり、まっすぐに伸びる。オニグルミの最大は幹周4mを超える程度だが、サワグルミはより巨大になり、カツラのように根元でよく分岐するものがある。

　巨樹DB報告のサワグルミは90件近く、その最大は岐阜県飛騨市「大無雁（おおむかり）のサワグルミ」幹周11.0mという巨大なものである。現地調査でこのサワグルミは根元で4分岐し、それぞれの幹周合計値であることが判明した。M式では株周7.5m（0.3m）である。完全に幹が根元で分離しているので巨大感はない。9～10m台の報告はなく、その次の「刀利のサワグルミ」幹周8.1mは、その存在が不明であった。

　2010年5月、ひょんなことからおおよその場所の特定ができ、現地に向かった。石川県と富山県の県境にある刀利ダムの手前の分岐路を富山県側のダム湖に沿って進み、途中富山県青年の山に登る林道がある。かつて研修館があった跡地の広場は、今は整地された運動場のような場所で、さらに100mほど進むと小屋がある。その右手の小さな沢沿いに踏み分け道があり、進むと前方にサワグルミの先端が見える。急な沢の斜面に立ち、大小8本の株立ちで、主幹は幹周3mほどの太いもの。一見カツラの巨木のように見えるが、葉を観察すると羽状なので、クルミであることがわかる。早速幹周を測定すると、報告値に近い株周M8.2mあり、日本一のサワグルミであることが判明した。

◀岐阜県「大無雁のサワグルミ」

【位置】
北緯　36-27-22.7
東経　136-48-38

【アクセス】
刀利ダムの石川県側との分岐を左折、トンネルをくぐって進み、山に登る林道に入り、大きな広場の左を100mで車を降りる。すぐ小屋があり、右の沢を覗くと巨木が見える。

柳田のタイサンボク

67 石川県

日本一のタイサンボク――サギとも見まがう大輪の白花が見事

町指定天然記念物

まるでサギが止まっているかのように花が咲く。1993.7.10 撮影

【樹種】タイサンボク　【学名】*Magnolia grandiflora*
【特徴】モクレン科の常緑高木の広葉樹、北米中南部原産。
【幹周】M 3.13 m（0.5 m 2010）　【樹高】15 m　【推定樹齢】120 年
【所在地】石川県鳳珠郡能登町柳田

タイサンボクは北米原産で、日本には 1873（明治 6）年に渡来したと言われている。この原木は新宿御苑に残っていて、新宿門を入ってしばらく進んだところにあり、単幹樹で幹周 M 2.6 m ある。水戸市に幹周 4.4 m の分岐幹のタイサンボクが報告されているが、所在が確認できなかった。

　この「柳田のタイサンボク」は、竹内家の門標になっているもので、衆議院議員も務めた先々代が 1892（明治 25）年に東京から苗木を持ち帰ったといわれ、樹齢 120 余年。幹周 M 3.13 m。地上 1.4 m で 2 分岐する。主幹は 6 m で 2 分岐し、側幹は 2 m で 2 分岐する。現在知られているタイサンボクでは最大で、幹は苔むし実に見事な風格あるタイサンボクである。

　今から 20 年ほど前。偶然近くにある法華寺というお寺に、寺宝の仏像の撮影に出かけていた。終わった帰りがけ、山の方にサギがいっぱい止まった巨木が見えた。サギなら動きそうなものなのに気配がない。何かわからないまま樹下に立って撮影をしていたが、ようやくタイサンボクであることがわかった。こんな見事なタイサンボクは見たことがない。その後、このタイサンボクが石川県で最も大きいタイサンボクであることを知り、最近になって日本一のタイサンボクであることが確認された。しかし、その後大きな枝が雪で折れたりして、樹勢は弱ってきて、花つきが悪くなった。竹内家により、落葉を放置すると木が弱るので毎日掃除を欠かさないなど、維持管理のための懸命の努力がなされている。

◀ 東京都「新宿御苑のタイサンボク」

【位置】
北緯　37-22-42.6
東経　137-04-59.3

【アクセス】
能登有料道路で穴水まで来て、直進、柳田の交差点手前 1 km、金蔵に向かう県道に左折し 500 m、左折する町道で下ると竹内家の前に出て、前庭に立つ。

日本一の菊桜──寿命を超越する奇跡の巨大化

68 石川県

善正寺菊桜
（ぜんしょうじきくざくら）

県指定天然記念物

まるで果実がなるように咲き誇る。2009.4.24 撮影

- 【樹種】ヤマザクラ ' ゼンショウジキクザクラ '
- 【学名】*Prunus jamasakura* 'Zenshoji-kikuzakura'
- 【特徴】バラ科の落葉高木の広葉樹、ヤマザクラ系菊咲き品種。
- 【幹周】M 3.1 m（1.3 m 2009）　【樹高】12 m　【推定樹齢】300 年
- 【所在地】石川県羽咋郡宝達志水町所司原　善正寺

能登半島は全国でも稀な菊咲き品種が多いところである。本誓寺のアギシコギクザクラ、来迎寺のライコウジキクザクラ、火打谷のヒウチダニキクザクラ、気多大社のケタノシロキクザクラ、そして、この善正寺のゼンショウジキクザクラである。金沢の兼六園には有名なケンロクエンキクザクラがあり、どれも品種名になっている。これらの品種について詳しく研究した金沢大学の木村久吉博士によれば、能登の菊桜はお互いに関連がある一連の品種群であり、ノトノキクザクラとしてまとめることができるとした。

　菊桜の寿命は短いようで、ある程度大きくなると枯れる。現在のアギシコギクザクラ、ケタノシロキクザクラ、ケンロクエンキクザクラは 2 代目である。そんな中で、ゼンショウジキクザクラは珍しく菊桜の巨木として残っている貴重な存在だ。

　本堂前、境内中央に立つ。幹周 3.1 m、樹高 12 m。菊咲きの花弁は 150 〜 200 枚。地上 2 m で 4 分岐し、幹は捩れるように波打ち、古木の風格がある。根元からひこばえ 1 本が立上がる。先端の幹に破損が見られるものの、樹勢は旺盛だ。最初最下部の枝の花から開き始め、次第に上部の枝の花が咲き始める。中心に紅色が残り、開くにしたがって淡紅色から白色になる。八分咲き頃が最も美しく見えるようだ。

◀志賀町石川県緑化センターにある「ヒウチダニキクザクラ」

【アクセス】
能登有料道路、今浜インターで降り、国道 159 号線を北上、子浦で右折して氷見方向へ、所司原で左折、町道に入り、善正寺。本堂前に立つ。

【位置】
北緯　36-50-15.7
東経　136-51-01.1

日本一のナンテン──巨木になるのが稀な庭木

石川県 妙法輪寺のナンテン

県指定天然記念物

自力では立てず、太い竹で支えられている。2009.11.20 撮影

【樹種】ナンテン　【学名】*Nandina domestica*
【特徴】メギ科の常緑低木の広葉樹、本州（茨城県以西）〜九州に分布。
【株周】M 1.5 m（0.1 m 2009）　【樹高】6 m　【推定樹齢】300 年
【所在地】石川県羽咋郡宝達志水町麦生ニ–196　妙法輪寺

ナンテンは巨木として扱われることが稀な樹木である。巨樹 DB にも報告例はない。これまで日本で知られている最大のナンテンは、伊吹山の麓にあったとされるもので、根元近くの幹周は 0.3 m で、すぐに何本かに分岐、樹高 5 m あったという。現在この原木は柴又帝釈天の大客殿の床柱になっている。

　現在日本一とされるナンテンは、「妙法輪寺のナンテン」で、本堂横の狭い中庭にあり、本堂に寄りかかるように成長し、最盛期には本堂の大屋根の先端に届いていた。このナンテンは樹高が高く、かつて 7.5 m あったが、現在は 6 m ほど。もともとの親株は 18 本の株立ちで、その周囲に実生から育った幹が立ち上がり、大きな株を形成している。

　寺前にあるナンテンの案内板の中に、他に「日本の巨大ナンテンでは、佐渡のナンテン根周 0.2 m、樹高 5.5 m がある」と記されていたが、調べてみたが確認できなかった。

　全国にナンテンの巨木として知られているものがいくつかある。

● 愛媛県愛南町「赤松家の南天」約 200 本の群生で、株周 4.5 m、樹高 4 m、東西 4 m、南北 6.5 m に広がり、樹齢 100 年。

● 兵庫県豊岡市「蓮華寺のナンテン」18 本の株立ちで、株周 2.2 m、樹高 5 m、樹齢 150 年、最も太い幹は 0.13 m。

● 山梨県南部町「福士峰佐野氏宅のナンテン」33 本の株立ちで、株周 1.55 m、樹高 4.4 m、太い幹 3 本の地上 0.1 m での幹周が 0.22 m。

● 静岡県島田市「香橘寺の大南天」株周 0.31 m、樹高 4.7 m。

◀ 兵庫県「蓮華寺のナンテン」

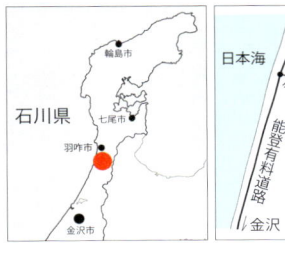

【位置】
北緯　36-49-51.6
東経　136-45-42.2

【アクセス】
カーナビ設定「妙法輪寺」
能登有料道路、今浜インター下、国道 249 を少し南下し、麦生で細い道に左折。寺の中庭に立つ。

70 石川県 上藤又(かみふじまた)の大椿(おおつばき)

日本一のヤブツバキ —— 倶利伽羅合戦、戦死者の墓標か

根元は真っ赤な花で埋め尽くされていた。2007.4.10 撮影

【樹種】ヤブツバキ　【学名】*Camellia japonica*
【特徴】ツバキ科の常緑高木の広葉樹、本州〜沖縄に分布。
【幹周】M 3.33 m（分岐 0.1 m 2007）　【樹高】7 m　【推定樹齢】800 年
【所在地】石川県河北郡津幡町上藤又

ヤブツバキの巨木は巨樹 DB 報告例が 37 件で、単幹日本一のヤブツバキである高知県の「しゃくじょうかたし」(p.230) を除いて、すべて分岐幹の巨木だが、単幹に劣らぬ巨大感、存在感を示す巨木が多い。そのため主幹を含めた幹周の大きさ、樹勢の良さ、樹形の良さ、立地等を比較検討して分岐幹日本一を「上藤又の大椿」とした。

- ●京都府与謝野町「滝の椿」(p.194) 黒椿の原種で、3 分岐の巨木。M 3.4 m。
- ●群馬県甘楽町「秋畑の大ツバキ」地上 1 m で 6 分岐する樹形で、幹の合計周が 5.88 m。実際は幹周 M 2.6 m (0.2 m)。
- ●石川県津幡町「笠野神社のツバキ」根元近くで 8 分岐、M 2.3 m、分岐幹合計周が 4.71 m である。
- ●福岡県糸島市「真名子のヤブツバキ」根元で 6 分岐し、合計周が 8.6 m、
- ●千葉県成田市「大島家のツバキ」地上 1 m ほど伸びた太い主幹に、分岐幹が 8 本立上がる樹形。幹周 3.5 m は分岐幹の合計周。
- ●富山県氷見市「老谷の大ツバキ」2 分岐する老樹で、幹合計周が 3.4 m。日本三大椿に入る名椿である。分岐が多く、測定値ほどの迫力はない。
- ●岩手県大船渡市「大船渡の三面椿」幹周 8 m。実際は根元で 6 分岐、根周 3 m でやや貧弱。

　「上藤又の大椿」は訪れる人もほとんどないようで、案内板もなく、大椿近くの山道は現在廃道に近く、案内なしには到達できない。この尾根の先が源平合戦で有名な倶利伽羅峠の合戦場で、戦死者の墓標として植えられた可能性がある。さすれば樹齢 800 年と、見た目に近くなる。

◀富山県「老谷の大ツバキ」

【位置】
北緯　36-39-11
東経　136-48-15

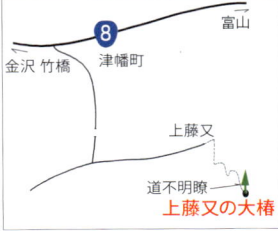

【アクセス】
上藤又の行き止りで車を止め、右手の谷に入る。雑木林、竹林、杉林を抜けると道がなくなる。東に進むと対岸の先端にヤブツバキの樹冠が見える。

71 石川県

日本一の根上り松——前田斉泰公、執念の力作

兼六園の根上の松(けんろくえんのねあがりのまつ)

雪景色に根上りの部分が浮かび上がった。1992.2.3 撮影

【樹種】クロマツ　【学名】*Pinus thunbergii*
【特徴】マツ科の常緑高木の針葉樹、本州〜九州に分布。
【株周】M 3.5 m（1.3 m　2010）　【樹高】10 m　【推定樹齢】200 年
【所在地】石川県金沢市兼六町　兼六園

海岸に行くと、根がむき出しになった根上り松をよく見かける。このような樹形の松を「値が上がる」とかけて縁起のよい樹木として好まれて植えられている。庭園などでは人工的に根上り松をつくるようだ。しかし、根上り松の巨木になると、そんなに多くはない。
- 徳島県鳴門市「鳴門の根上り松」3 m 根上りし、幹周 2.5 m、樹高 20 m、見事な根上り松であったが 2000 年枯死。
- 香川県観音寺市「琴弾公園の根上り松」3 m 根上りし、蛸の足のように細い根が何本も立上がる樹形で、樹齢 100 年。
- 和歌山市、和歌山大学附属小学校「岡山の根上り松」2.5 m 根上りし、株周 3 m、樹高は 5 m。
- 静岡県浜松市「十九番観音根上がり松」2 m の根上り松が 2 本あったが、2007 年に 1 本倒木した。樹齢 200 年。

　「兼六園の根上の松」は、園の中央に堂々と立つ松で、地上 2 m まで根上りし、大小 40 本の根が台地に根を下ろす。幹と根の分岐部の幹周は 3.5 m で、分岐部で 3 分岐して立上がる樹形をしている。この松は、兼六園を造園した加賀藩 13 代藩主前田斉泰公が自ら植えた松で、「手植の松」と呼ばれている。その後、造園師によって脈々と巨大な根上り松に育てられていった。当初大きな盛土の上に植えられ、次第に土を取り除いて根上り松を形成していったと伝えられる。樹齢 200 年で、大きさ、樹形、環境とも申し分ない日本一の根上り松といえる。

◀ 全景

【位置】
北緯　36-33-43.4
東経　136-39-46.2

【アクセス】
兼六園の中央部に立つ。

72 石川県

妙法寺のドウダンツツジ

市指定天然記念物

日本一のドウダンツツジ——根元で爆発したかのような幹の異様さ

葉が落ちて、凄みのある幹がよく見える。2011.12.20 撮影

【樹種】ドウダンツツジ　【学名】*Enkianthus perulatus*
【特徴】ツツジ科の落葉低木の広葉樹、本州（千葉県以西）〜九州に分布。
【株周】M 1.59 m（0.05 m　2011）　【樹高】4 m　【推定樹齢】500 年
【所在地】石川県金沢市寺町 4-2-6　妙法寺

ドウダンツツジは好まれて庭木として植えられるツツジ科の樹木であるが、成長が遅く、巨木として見られることはまずない。巨樹DBでも、宮城県からの1件（幹周3.6 m）が報告されているのみであるが、所在不明である。

　ドウダンは灯台と書き、枝ぶりが「結び灯台」（3本の木を結び、広げて上に油皿を置いた）に似ていることから名がついた。

　ドウダンツツジの巨木は石川県に多く、加賀藩前田家の影響ではないかと思われる。その中でも群を抜いて大きなドウダンツツジが、この「妙法寺のドウダンツツジ」である。伏した幹から枝が立上がり、根元近くで4分岐する樹形。幹周はM 1.59 m（0.05 m）で、分岐した幹はそれぞれ0.49 m、0.82 m、0.74 m、0.57 mある。合計幹周が2.62 mという、ドウダンツツジとしては桁違いの巨木である。樹高4 m、枝張りは東西7 m、南北4.5 mに広がる。

　妙法寺は日蓮宗の寺院で、前田家ゆかりの家臣を供養するために1573（天正元）年に建立された。1615（元和元）年に妙法寺が移転した際、庭に移植されたという。この時すでに樹齢100年以上であったと推察され、樹齢500年以上になり、幹周から比較して納得できるものだろう。ドウダンツツジは見た目以上の樹齢がある。

- ●三重県菰野町「願行寺のドウダンツツジ」幹周M 1.0 m（0.2 m）、樹高5 m、樹齢500年。
- ●石川県金沢市「寺島蔵人邸跡のドウダンツツジ」M 0.78 m（0.3 m）、樹高4 m。
- ●石川県能登町「宮本家のドウダンツツジ」根元で2分岐する。M 0.8 m（0.2 m）、樹高4 m。

◀三重県「願行寺のドウダンツツジ」

【位置】

北緯　36-33-04
東経　136-39-12.4

【アクセス】

カーナビ検索は「妙法寺　石川県」。寺町5丁目の交差点から200 m東南、小さな門をくぐると駐車場がある。寺の裏庭に立つ。

73 石川県

巨大感日本一のカツラ——幹の癒着が醸し出す異様な迫力

コモチカツラ

市指定天然記念物

見たこともないカツラの主幹の迫力に圧倒される。2009.6.1 撮影

【樹種】カツラ　【学名】*Cercidiphyllum japonicum*
【特徴】カツラ科の落葉高木の広葉樹、北海道〜九州に分布。
【株周】M 17.47 m（1.3 m 2009）　【樹高】20 m　【推定樹齢】500 年
【所在地】石川県白山市白峰市の瀬

カツラは、主幹の周囲に次々とひこばえが成長し、株立ちになって巨大化する樹木である。巨体を支えるだけの水分が必要なため、巨木の多くは谷筋に生育している。株周 20 m を超える巨大カツラもあるが、多くは幹の集合体なので、数字ほどの迫力はないのが現実だ。そのため M 式では従来の幹周ではなく株周とした。単幹樹と同じ土俵で論ずることを避けるためである。ところが、この「コモチカツラ」は、単なる単幹でも株立ちでもないところが他と大きく異なる。

　手元の資料によれば、1996 年 5 月に石川県巨樹の会が初めて確認したとある。この時の幹周の計測値は 15.56 m である。白山登山口である市の瀬の裏山、標高 1,320 m 地点に立ち、自然歩道の途中から道はないが、林野庁「森の巨人たち百選」に選定されて脚光を浴びた。

　珍しい樹形である。もともと株立ちになっていたものが、西幹は 6 本ほどが癒着し大きな幹に成長、名前の由来である子株は南幹で根元より斜上する。北幹は上部で南幹と連理する奇妙な形。東幹は崩れたようで、根元に倒れ、この跡が大きな空洞として残っている。子株を含めた株周が M 17.47 m である。西幹が癒着したことによって、見る方向よっては単幹樹に見えるので、根元に立って見る巨大感は日本一のカツラである。

日本一の「権現山の大カツラ」(p.40) は株立ちで、根元で 2 分岐する樹形のため、巨大感という意味では、「コモチカツラ」が断然まさっている。

　しかし、道がなく案内なしには到達が困難で危険なため、実際に見ることは難しい。

　ちなみに、カツラの単幹巨木は珍しく、筆者の知る限りでは、長野県上田市にある「愛染カツラ」で、幹周が 5.5 m。完全な単幹樹で、ひこばえが見られない。

◀長野県にある単幹樹「愛染カツラ」

【アクセス】
道がなく、危険。地主の土地が間にある。入林の際は石川森林管理署 076-261-7191 に要連絡。

74 石川県 太田の大トチ

日本一のトチノキ——気候変動にも耐える巨体の神秘

国指定天然記念物

日本の巨木を語る上で、ぜひ見なければならない1本だ。2009.10.22 撮影

【樹種】トチノキ
【学名】*Aesculus turbinata*
【特徴】トチノキ科の落葉高木の広葉樹、北海道〜九州に分布。
【幹周】M 12.38 m（1.3 m 2009）
【樹高】25 m
【推定樹齢】1,300 年
【所在地】石川県白山市白峰

▶全国2位のトチノキ、長野県「贄川のトチ」

この大トチは、2位以下を大きく引き離して、幹周 M 12.38 m という巨大な単幹樹である。

　巨樹 DB ではトチノキは 850 件近くあり、そのうち幹周 10 m 以上のトチノキを検証してみる。

- 福井県南越前町「今庄のトチノキ」とか「岩屋の大トチ」といわれるものは、幹周 10.0 m で、根周である。実際は 8.0 m ほどである。
- 長野県飯田市「赤崩沢の大トチ」幹周 10.5 m であったが、現在半壊状態で、幹周 7 m 台になっている。
- 長野市「赤岩のトチ」幹周 12.4 m とされるが、根元で 2 分岐する樹形で、合計周である。
- 広島県庄原市「熊野の大トチ」幹周 11.14 m とされるが、根元で 2 分岐する樹形で、これも根周である。
- 京都府綾部市「君尾山の大トチ」幹周 10.4 m だが、半壊状態。
- 富山県南砺市「脇谷の栃の木」幹周 11.9 m だが、これも半壊して、半分ほどになっている。

　トチノキは環境変化の影響を受けやすいためか、近年倒木や幹の崩壊の報告が相次いでいる。また、幹周の報告値と実際の大きさに隔たりのあるものが多く、すべてを短期間に見て比較検討しなければならず、2008 年から 2 年間で全国のトチノキの巨木を見て回った。全国 2 位のトチノキは長野県塩尻市の「贄川のトチ」。これまで幹周 8.6 m とされてきたが、おそらく上部接地面 1.3 m を測定したと推測され、M 11.0 m であった。樹勢のよい立派なトチノキである。第 3 位は山梨市の「姥の栃」で、幹周 M 9.45 m、これも樹勢がよく老樹の風格がある。

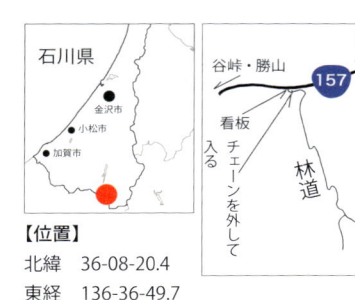

【アクセス】
白峰から国道を福井県に向かい、谷峠の手前集落林道に左折、チェーンを外して林道を 4 km 登る。終点に立つ。

【位置】
北緯　36-08-20.4
東経　136-36-49.7

75 岐阜県

日本一のコブシ —— 代々の魂を見送り続けた生ける墓標

野麦（のむぎ）のコブシ

葉を見るまでコブシであることが信じられなかった。2010.6.5 撮影

【樹種】コブシ　【学名】*Magnolia kobus*
【特徴】モクレン科の落葉高木の広葉樹、北海道〜九州に分布。
【幹周】M 5.3 m（分岐 0.3 m　2008）　【樹高】18 m　【推定樹齢】300 年
【所在地】岐阜県高山市高根町野麦

コブシは「辛夷」の他に「拳」とも書き、果実が握り拳に似ていることによる。山地に生え、中国原産のハクモクレンに似た花を咲かせる。ハクモクレンは花弁と萼片がよく似た白色で区別がつきにくく、全体が白い花に見えるが、コブシは花弁6個に小さな茶色の萼片があるのがわかる。山地にもよく似たタムシバがあるが、萼片が大きく、葉の形が異なる。タムシバの巨木の報告はない。コブシの変種で中部地方以北に分布するキタコブシは花が小さく、区別しない説もあるので、巨木を取扱う場合は樹種を区別しないことにした。

巨樹DBの報告には33件あるが、大きなコブシは倒木もしくはその予備軍。報告にはないこの「野麦のコブシ」は樹勢もよく、まだ成長過程にある見事な巨木で、幹周もただ1本5m台であり、日本一とした。

- ●岩手県宮古市「赤前のコブシ」幹周4.65mで、空洞化が激しいが見事な老木。
- ●岩手県八幡平市「松木田のコブシ」幹周4mで、空洞化しているものの、樹勢は旺盛な単幹樹。
- ●北海道江別市「千古園のキタコブシ」幹周3m。
- ●山形県舟形町「長者原のコブシ」主幹の幹周2.8mで、根元で3分岐の合計が7.2mの巨木。
- ●長野県安曇野市、幹周5mのキタコブシは倒木した。

野麦は有名な野麦峠の麓にある小さな集落で、コブシは集落上部、西側の畑の隅に立つ。奥原家の墓標として植えられたもの。

地上1.3mで5.53mあり、樹高18m。地上1.3mで大きく2分岐する。現地案内板にある幹周8.09mはそれら4本の幹周合計値である。

◀全景

【アクセス】
高山から国道361号線で長野方向へ、高根乗鞍湖途中で県道39号線に入り野麦峠に向かう。7kmで野麦集落、町道を左折して登ると、村の斜面に立つ。

【位置】
北緯　36-03-00.2
東経　137-33-45.9

日本一の親杉──泰澄大師お手植の有用樹

76 岐阜県

石徹白（いとしろ）の大杉（おおすぎ）

国指定天然記念物

全国の巨杉中、紅葉する木が着生する珍しい樹形。2007.10.29 撮影

【樹種】スギ 　【学名】*Cryptomeria japonica*
【特徴】スギ科の常緑高木の針葉樹、本州〜九州に分布。
【幹周】M 13.9 m（1.3 m 2007） 　【樹高】18 m 　【推定樹齢】1,000 年
【所在地】岐阜県郡上市白鳥町石徹白

神社仏閣の境内や、山岳仏教関係地にある杉の巨木に2種類ある。1つは異形の杉で、杉そのものが「ご神体」として植えられたもの。対して、一本杉の場合は植林のための「親杉」として植えられたものである。もともと日本に自生するスギは、標高1,000m付近の比較的寒冷地に生育する樹木である。そのようなスギは、分岐幹や変形したものが多く、材として適切ではない。そこで、品種改良の試みとして、当初標高1,000m付近の山地で育種され、その後次第に低地でも育つスギが見い出されていったと考えられている。当初の親杉が各地に残されていて、そのうちの最大のスギが「石徹白の大杉」である。

- 静岡県浜松市「春埜杉(はるのすぎ)」幹周11.4m。標高800m、春埜山山頂に近い山中にある大光寺の境内斜面に立つ見事な一本杉。行基が開山したという伝承が残されている。
- 奈良県戸津川村「玉置神社の神代杉」幹周9.0mで、標高900mに立つ。玉置山の9合目にある玉置神社の本殿裏手に立ち、樹形が「石徹白の大杉」に似ている。玉置神社は崇神天皇の時代に創建されたという古社である。境内山林はまさに一本杉への品種改良の歴史博物館。一本杉へ移行していく過程で生まれたと思われる様々な形態の杉があり、改良の結果生み出された美しい一本杉が林立している。

▲奈良県「玉置神社の神代杉」

　「石徹白の大杉」は、白山を開山した泰澄(たいちょう)大師(だいし)が植えたと伝えられる杉である。標高1,000mの台地に立ち、ここは白山の岐阜県側の登山道途中にある。かつて、白山信仰の山岳仏教が栄えた頃、麓の白山中居神社は、一大拠点(ちゅうきょ)として大いに繁栄した。一本杉の品種改良を試み、優良種の親杉から種子を採取して育成し、植林したと考えられている。これが、山岳仏教の大きな資金源となった。

【位置】
北緯　36-02-02
東経　136-45-39.4

【アクセス】
白鳥の国道156を北上し、石徹白へ左折、石徹白で右折して北上し、白山中居神社。左の林道を登る事6kmで登山口。登山道を45分直登すると立っている。

岐阜県 領家（りょうけ）のモミジ

77 日本一タイのイロハモミジ──山の静寂をも破る、驚異の樹勢

県指定天然記念物

これだけのイロハモミジがまったく衰えが見られないのは驚異。2008.11.22 撮影

【樹種】イロハモミジ　【学名】*Acer palmatum*
【特徴】ムクロジ科の落葉高木の広葉樹、本州（福島県以西）〜九州に分布。
【幹周】M 5.17 m（1.3 m 2008）　【樹高】15 m　【推定樹齢】400 年
【所在地】岐阜県郡上市大和町栗巣字下栗巣

モミジに関しては、単幹日本一の静岡県「益山寺の大カエデ」(p.116)で述べた。この「領家のモミジ」と共に甲乙つけがたい見事なモミジなので、両者を日本一とした。

　「領家のモミジ」は、岐阜県の山間部にひっそりとたたずんでいた。近所の人に尋ねると、最近訪れる人がたまにあるというが、これだけの巨木が人知れず存在していることに正直驚いた。早速幹周を計測してみると、M 5.17 m あった。この地は領家という旧家の墓所で（近年墓は移動）、根元は石で囲われ、積み石を巻き込んで成長している。地上 2 m で 4 分岐し、山側の幹は交差するように立ち上がり、谷側の幹は下の小屋まで垂れ下がる。これだけのモミジであるが、樹勢に衰えはほとんど見られない、奇跡のモミジである。

　紅葉の時期に再度取材しようと考え、紅葉の正確な時期を探るが、まったく情報がなかった。2008 年 11 月下旬、東北の紅葉取材の帰りに寄ろうとしたところが、前日から大変な荒れ模様で、新潟から岐阜に入ると大雪になった。高山市にある国分寺のイチョウを撮影し、翌朝早く向かうと、庄川辺りは雪のため紅葉はすでに終わり、少々諦めぎみで高速道路を南下。標高が下がってくると雪もなくなり、希望の光が見え始めた。幸運にも「領家のモミジ」の紅葉はまだ残っていたのである。前日の雪が少し残り、濡れた葉が朝日に輝いていた。実に幸運といわねばならない。

◀全景。紅葉が見事。

【アクセス】
東海北陸自動車道、ぎふ大和インターで降り、国道 156 号線を 2 km 北上、県道 318 号線に右折し、3 km で母袋温泉スキー場方向へ左折。中程、白山神社手前の細い道に右折して川を渡り、林道を 400 m 北上するとログハウスの上に立っている。

【位置】
北緯　35-50-18.7
東経　136-56-19.8

78 岐阜県

根尾谷の淡墨桜

国指定天然記念物

日本一タイのエドヒガン──死の危機を何度も乗り越えた不撓不屈の快樹

花以上に幹には味わいがある。　2010.4.13 撮影

- 【樹種】エドヒガン
- 【学名】*Prunus spachiana*
- 【特徴】バラ科の落葉高木の広葉樹、本州〜九州に分布。
- 【幹周】M 9.2 m（1.3 m）
- 【樹高】17.3 m
- 【推定樹齢】1,500 年
- 【所在地】岐阜県本巣市根尾板所今村

▲全景、朝霧に煙る姿も格別

幹周 9.2 m、樹高 17.3 m、エドヒガンとしては山梨県「山高神代桜」(p.124) と肩を並べる巨木で、日本三大桜の1つに数えられ、淡墨桜としては唯一無二の存在である。咲き始めは淡いピンク色で、散り際に淡い墨色を帯びることからこの名前がある。園芸種の薄墨桜とは別物である。

樹齢の推定は1,500年というとてつもないもの。しかし、近年いく度となく枯死の危機に瀕してきた。現在は保護策が功を奏し、毎年美しい花をいっぱいつけ、多くの花見客が押寄せている。

主幹後部は半壊状態であるが、巨大な分岐幹は多くの支柱に支えられて、何とか倒木を免れている。幹は苔むし、長寿を感じさせる圧倒的な存在感がある。

【位置】
北緯　35-37-55.4
東経　136-36-30.2

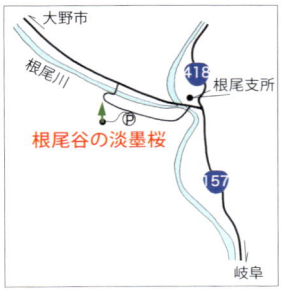

【アクセス】
東海北陸自動車道、関インターから国道418号線経由は道が少し狭い。岐阜各務原インターから国道21号、国道157号経由は岐阜市内を通るので混雑。いずれにせよ、花の季節は大変である。

79 岐阜県 釜井(かまい)の大(おお)マキ様(さま)

市指定天然記念物

日本一のアベマキ──ダム湖に沈んだ集落を今も見守る山の神

山の神は実に堂々とした樹形である。2011.11.15 撮影

【樹種】アベマキ　【学名】*Quercus variabilis*
【特徴】ブナ科の落葉高木の広葉樹、本州（山形県以西）〜九州に分布。
【幹周】M 7.3 m（上部 0.6 m 2011）　【樹高】12 m　【推定樹齢】350 年
【所在地】岐阜県恵那市串原 1929–101

　アベマキは認知度の低い樹木である。クヌギによく似た木で、果実も似ているが、樹皮のコルク質が発達し、縦に不規則に割れている。葉の裏面が白っぽく、堅果に線形の総苞片があるのが特徴。
　全国に巨木の報告は 105 件あるものの、この「釜井の大マキ様」を除いて、幹周 6 m 以上のアベマキがない。クヌギ同様、薪炭や椎茸の

原木として伐採されるため、大きなものはなかなか残されなかった。「釜井の大マキ様」は群を抜いて日本一といえる。

- 兵庫県篠山市「上立杭の大アベマキ」幹周 5.4 m で、地元では日本一といわれているが、一部破損している。
- 岡山県新見市「上熊谷の大マキ」幹周 5.3 m、地上 3 m で多数に分岐して樹勢がよい。
- 兵庫県養父市「口大屋の大アベマキ」幹周 5.02 m で、単幹樹。

「釜井の大マキ様」は、愛知県との県境恵那市串原に位置し、1971 年に奥矢作湖に沈んだ釜井集落の山神様であったが、今は訪れる人はほとんどいない。矢作第一ダムができて、人里離れた僻地になってしまった。

湖岸道路沿いにある釜井公園から、山道を登った尾根筋に立っている。途中に石仏堂や墓所があり、かろうじて釜井の人々の歴史を感じさせる遺構が残っている。道は荒れ、大マキ様は忘れられた存在になっているようだ。

▲兵庫県「上立杭の大アベマキ」

【位置】
北緯　35-13-37.4
東経　137-25-52

【アクセス】
中央道、恵那インターから国道 257 経由。東名、伊勢湾岸自動車、豊田東インターから国道 248 経由とも、複雑。カーナビ案内が必要。矢作第一ダムの釜井公園から山道がある。

栗原連理のサカキ

80 岐阜県

県指定天然記念物

日本一のサカキ —— 寺院は失せても神の木は健在，仏教遺跡の生き証人

サカキとしては驚異的な太さの主幹だ。2006.10.12 撮影

【樹種】サカキ　【学名】*Cleyera japonica*
【特徴】モッコク科の常緑高木の広葉樹、本州（関東南部以西）〜沖縄に分布。
【幹周】M 3.0 m（分岐 0.3 m 2006）　【樹高】11 m　【推定樹齢】400 年
【所在地】岐阜県不破郡垂井町栗原

サカキは「榊」と書き、神殿などに供える葉として利用されることから、神社の境内に植えられることが多い。そのため、巨木は神域にあるものがほとんどだ。サカキは幹周が1mを超えれば巨木の部類に属するため、巨木としての認識が低い樹木で、報告例が少ない。

　この「栗原連理のサカキ」は、これまでの記録は3.4mだが、M式では3.0mであった。それでも全国の巨木と比較しても群を抜いて大きく、日本一のサカキとした。

- 広島県庄原市「宗像神社のサカキ」幹周1.5m。
- 山口県長門市「金ノ口の連理のサカキ」幹周1.4mで、2本の幹が上部3カ所で連理する。
- 群馬県桐生市「賀茂神社のサカキ」幹周1.4mの単幹樹。
- 静岡県島田市「津島神社のサカキ」幹周1.2m。
- 和歌山県日高川町「上阿田木神社のサカキ」幹周1.18m。
- 熊本市打越町「菅原神社のサカキ」幹周2.75mの分岐幹。

　名神高速道路の養老サービスエリアの北方、栗原地区にある白山神社の前に車を止めて、山側に続く細い道を登る。案内標識がなく、目標は栗原九十九坊跡で、ちょっとした広場に石仏が並ぶ一角がある。サカキはその跡よりさらに登ったところに立つ。赤茶けた樹肌はまさにサカキであろうが、こんな化物みたいなサカキがあるものだろうか。根元近くから2分岐し、根元近くの最もくびれた部分を測定して3.0mあることを確認した。上部に連理が4カ所見られる。

◀枝と幹が連理する

【位置】
北緯　35-20-16.1
東経　136-32-04.9

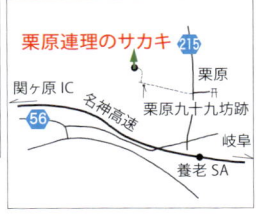

【アクセス】
関ヶ原インターから、国道365、県道56から高速の下を抜け、栗原地内へ。県道215の右手に白山神社があり、車を止め、山側にある細い道を登る。栗原九十九坊跡からさらに登り、右に進むと立つ。

愛知県 豊邦の暗樫(とよくにのくらがし)

81 日本一のアカガシ──静寂の尾根に満身創痍の巨体が黒光り

黒光りする樹肌は凄みがある。2008.8.28 撮影

【樹種】アカガシ　【学名】*Quercus acuta*
【特徴】ブナ科の常緑高木の広葉樹、本州〜九州に分布。
【幹周】11.5 m（分岐）　【樹高】15 m　【推定樹齢】400 年
【所在地】愛知県北設楽郡設楽町豊邦字豊詰

カシはブナ科コナラ属に属する常緑のウバメガシ、イチイガシ、ツクバネガシ、アカガシ、シラカシ、ウラジロガシなどの総称で、コナラのドングリに似た果実をつける。葉の形や、裏面の色などで識別する。巨大になり、それぞれの日本一が存在する。

　カシの中で最も大きいとされたのが、大分県豊後大野市の「間の内のイチイガシ」で、幹周 12.0 m であった。2007 年に M 式で測定した結果、9.96 m であった。

　2008 年になって、愛知県で日本一のカシの発見情報が飛込んできた。樹種はアカガシで、林道を造った際に発見されたという。これは、1815（文化 12）年の村絵図にクラガシと記載されていた古木という。

　根元近くより大小 7 分岐し、扇を広げたような樹形をしている。そのため幹周の測定には困難がある。根元近くの最もくびれた部分が幹の大きさを示していると思うが、公表値は 11.5 m で、どのように計測したかは不明。調査当日かなりの雨が降っていて、谷側は急斜面のため測定は断念した。山側の南幹は倒れ、中心部はかなり腐食が進んでいる。北幹は谷川に大きく幹を伸ばし、こちらは健在だ。

●熊本県和水町「上十町のイチイガシ」幹周 8.5 m の見事な単幹樹で、単幹日本一のカシ。
●三重県松阪市「青田の大カシ」幹周 7.5 m の単幹のアカガシである。
●滋賀県長浜市「黒田のアカガシ」幹周 7.3 m。地上 2 m で分岐する。
●熊本県菊池市「村吉の天神さん」というイチイガシは幹周 7.2 m だが、地上 1 m まで巨大な根上り状。日本一の根上りカシである。
●兵庫県上郡町「黒石のツクバネガシ」幹周 13.0 m とあるが、実際は 6 m ほど。

◀大分県「間の内のイチイガシ」、内部は空洞で祠がある。

【位置】
北緯　35-04-04
東経　137-28-24

【アクセス】
国道 420 号線で豊邦へ、山口集落の北はずれに右折する林道がある。6 回目のカーブの右手尾根の先に立つ。

82 福井県 屏風山の大ヒノキ

日本一奇怪なヒノキ──深山幽谷の地に立つ、成立過程不明の奇樹

5本のヒノキが合体し、櫓状になる奇怪な樹形。2009.11.9 撮影

【樹種】ヒノキ　【学名】*Chamaecyparis obtusa*
【特徴】ヒノキ科の常緑高木の針葉樹、本州（福島県以西）〜九州に分布。
【株周】M 20.3 m（1.3 m 2009）　【樹高】15 m　【推定樹齢】600 年
【所在地】福井県大野市　屏風山

日本一の巨木の選定において、外せないヒノキの巨木がある。巨木という概念から外れ、どのように幹周を表現したら適切なのかもわからない、M式測定法にもまったくなじまないヒノキがある。そのヒノキは、福井県と岐阜県の県境近く、道もない深い山奥に存在する。

　入口は九頭竜ダム湖から15kmほど入った伊勢峠。ここから標高差400mほど藪こぎで登った標高1,130m地点の尾根筋にある。周辺にはヒノキの巨木が散在し、そのうちの1本、樹形が櫓状になったもの。おそらく、樹形が複雑で、材としての利用価値がまったくないため放置されていたものだろう。

　幹周3mほどもある5本のヒノキが間隔をおいて立上がり、地上3mほどで融合し、櫓状になる。融合した後、再び5本の幹が立上がる奇妙な樹形で、根元の空間には人が立てる。5本のヒノキの株周は20.3mもある。合体部近くの幹周は12.9mあるが、そのような数字はこのヒノキの場合まったく問題にならない。巨木の概念さえ覆される思いであった。このような奇怪なヒノキの巨木は全国的にも例がなく、日本一の概念にも当てはまらないため、主観が入るが「日本一奇怪なヒノキ」として紹介することにした（日本一のヒノキは宮崎県「大久保のヒノキ」p.238参照）。

　ここより50m進んだところにも株周11mの大ヒノキがあり、さらに周辺に4本の大ヒノキがある。登山道沿いにネジキやコウヤマキの巨木が点在し、まさに屏風山は知られざる巨木の山である。

◀全景、空洞には人が立てる。

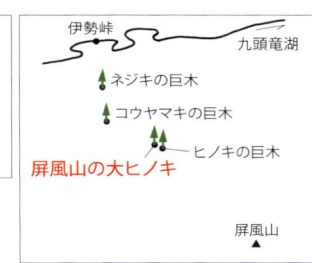

【位置】
北緯　35-49-38
東経　136-37-37.1

【アクセス】
道がなく、危険なためアクセス不能

日本一雄大な松——日本建築の太い梁を連想させる雄大さ

83 福井県

円成寺のみかえり松

県指定天然記念物

根元に立って見ると、その雄大さに圧倒される。2010.5.30 撮影

【樹種】クロマツ　【学名】*Pinus thunbergii*
【特徴】マツ科の常緑高木の針葉樹、本州〜九州に分布。
【幹周】M 4.55 m（1.3 m 2010）　【樹高】12 m　【推定樹齢】300 年
【所在地】福井県三方上中郡若狭町岩屋 42-4　円成寺

　日本一見事な松は東京都善養寺の「影向の松」(p.92) である。この松は、地上 2 m で 6 本の枝を広げ、まるで巨大な藤棚を連想させるような樹形をしている。ところが、福井県若狭町円成寺に「みかえり松」

◀全景

というとんでもない松がある。鄙びた田舎にあったためか、情報が全国に届いていなかったようで、これまでまったく評価されていない。

幹周 M 4.55 m、樹高 12 m、枝張り 33 m × 35 m、周囲約 100 m ある。この松の特徴は、樹高が高く、主幹から 12 本の大枝が立体的に水平に出て、巨大な空間を造っていることだ。しかも、人為的ではなく、自然の荒々しさを残していることが特徴で、根元に立って見る雄大さは他の追随を許さない。伸びる大枝の太さも尋常ではなく、太さ 2 m ほどが 2 本、1 m ほどが 3 本あり、日本建築の太い梁を連想させる。

寺伝によれば、1751（宝暦元）年に淳長大和尚が植えたといわれ、樹齢 300 年。寺の前の広大な広場に、何の保護策もとられずに立っている姿は、自然児そのものだ。枝の先端が反り上がるように伸びている姿は、この松の勢いを物語っている。

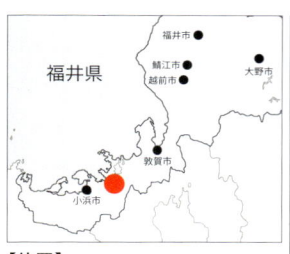

【位置】
北緯 35-30-32.2
東経 135-53-49.9

【アクセス】
カーナビ設定は住所設定。三方五湖の南 5 km、国道 27 号線、上野交差点を西に 200 m、円成寺には左折、正面に立つ。

84 滋賀県

南花沢のハナノキ

みなみはなざわ

日本一のハナノキ——絶滅危惧種にも指定される珍木の巨木

国指定天然記念物

主幹は枯れても、側幹が健在。紅葉は美しい。2007.11.24 撮影

【樹種】ハナノキ　【学名】*Acer pycnanthum*
【特徴】ムクロジ科の落葉高木の広葉樹、中部地方の山地に稀に生える。
【幹周】M 5.5 m（1.3 m 2007）　【樹高】10 m　【樹齢】不明
【所在地】滋賀県東近江市南花沢町　八幡神社

ハナノキとは聞き慣れない樹木である。それもそのはず、限られた地域に生育する稀少種なのである。主として長野県、愛知県、岐阜県の山地の湿地に生育するカエデの仲間。雌雄異株で、雄株は3月頃、葉の出る前に紅色の小さな花を多数つけて美しいのでハナノキの名前がある。11月下旬には美しく紅葉する。自生地では巨木がほとんどなく、神社仏閣の境内などで、わずかに巨木が守られている。

　この「南花沢のハナノキ」は特に大きく、幹周 M 5.5 m、樹高 10 m である。主幹は枯れるが、側幹2本が健在で、今なお花をつける。訪れたのは11月下旬で、美しい紅葉を期待して向かった。健在な側幹の葉が美しく紅葉していて、紅葉の色彩に変化があり、実に美しい。黄色から淡い紅色、濃い紅色、中には1枚の葉でグラデーションになったものもある。主幹が枯れているとはいえ、コブが多く、古木の風格を醸し出している見事な老木である。

● 滋賀県東近江市「北花沢のハナノキ」幹周 4.42 m。
● 東京都「新宿御苑のハナノキ」幹周 3.4 m、樹高 10 m。新宿門から入り、大木戸門に向かって、管理事務所近くにある。11月下旬～12月上旬の紅葉が美しい。
● 岐阜県中津川市「二ツ森のハナノキ」幹周 3.0 m、樹高 29.5 m の見事な単幹樹。
● 滋賀県近江八幡市「長光寺のハナノキ」別名「お多福の木」とも呼ばれ、幹周 3.0 m。樹齢は600年ともいわれる。
● 岐阜県土岐市「白山神社のハナノキ」幹周 4.2 m は 2007 年枯死。

◀ 近くにある「北花沢のハナノキ」

【アクセス】
名神、八日市インターを降り、国道421を東に、国道307を北上し、高速をくぐってしばらく、右手に南花沢八幡神社。境内の社殿前に立つ。

【位置】
北緯　35-07-28
東経　136-15-29

油日神社のコウヤマキ

85 滋賀県

日本一のコウヤマキ──神社の歴史と共に生き抜いた日本特産種

県指定自然記念物

日本最大のコウヤマキは実に堂々とした樹形である。2012.5.24 撮影

【樹種】コウヤマキ　【学名】*Sciadopitys verticillata*
【特徴】コウヤマキ科の常緑高木の針葉樹、本州〜九州に分布。
【幹周】M 6.93 m（1.3 m 2012）　【樹高】35 m　【推定樹齢】760 年
【所在地】滋賀県甲賀市甲賀町油日 1042　油日神社

コウヤマキは、コウヤマキ科コウヤマキ属の日本特産種で、1科1属1種の樹木である。葉に特徴があり、2枚の葉が合着した線形の葉が多数輪生する。この葉は一度見たら忘れられない独特の雰囲気がある。福島県以西の山地にあり、北地にはない。好まれて古来より庭園に植えられることが多く、巨木の多くは神社仏閣の境内か、その遺構にある。

　巨樹 DB には幹周 8 m 台 1 本、6 m 台が 3 本ある。
●静岡市「大平のコウヤマキ」幹周 8.5 m とあるが、実際は根周 M 5.0 m。
●この「油日神社のコウヤマキ」幹周 6.48 m。
●愛知県新城市「甘泉寺のコウヤマキ」幹周 6.42 m。
●群馬県高山村「泉龍寺のコウヤマキ」幹周 6.40 m で、明確に合体木。

　6 m 台は 3 本とも幹周が接近している。合体木を除く 2 本を実際に幹周を測るため、2012 年「甘泉寺のコウヤマキ」を調査すると、幹周が M 5.53 m であることが判明。「油日神社のコウヤマキ」は塀の中に立っていて、普段は中に入れない。お願いして測定させていただくと、何と幹周が M 6.93 m もあることが判明した。明らかに見た目も大きく、堂々としたコウヤマキで、日本一にふさわしい風格があった。

　1971 年頃、主幹に細い穴を開け、年輪調査をした。その結果、720 年まで確認されたが、中心部は密度が濃く、年輪を確認できなかったという。

　地上 8 m で大きく 2 分岐する樹形で、分岐下にある細い幹が枯れている。枝の先端は垂れ、今なお樹勢は旺盛だ。

◀第 2 位の愛知県「甘泉寺のコウヤマキ」も、遜色ない見事な樹形をしている。

【位置】
北緯　34-53-13
東経　136-14-59

【アクセス】
非常に複雑なので、カーナビ案内が確実。

86 三重県 中山寺のモッコク

日本一のモッコク──安定感抜群で堂々とした樹形

根元が大きく広がり、実に堂々としている。2012.3.20 撮影

【樹種】モッコク　【学名】*Ternstroemia gymnanthera*
【特徴】モッコク科の常緑高木の広葉樹、本州（千葉県以西）〜沖縄に分布。
【幹周】M 3.84 m（1.3 m 2012）　【樹高】15 m　【推定樹齢】300 年
【所在地】三重県四日市市南小松町 1589　中山寺

中山寺と書いて「ちゅうざんじ」と読むこの寺は、真宗高田派の寺院で、モッコクの巨木は本堂裏手、建物に接するように立つ。中山寺再建当時から存在したと記録にあることから、樹齢300年以上になる。

　モッコクは海岸に近い山地に生育し、千葉県以西の太平洋側に分布するが、庭木としても広く植栽されている。巨木は珍しく、巨樹DBの報告例は20件ほど。唯一の4m台として、
●埼玉県加須市の「弁天塚のモッコク」幹周4.0mとの報告だが、実際は根元で完全に2分岐し、幹周はその根元周囲。

　この「中山寺のモッコク」は、2012年の計測で幹周M 3.84m。現在知られている単幹のモッコクでは日本一である。地上2mで大小4分岐し、幹周2mほどの分岐幹が2本、1.5mほどが1本、0.5mほどが2本立上がる。根元は広がり、皺が多く、堂々とした古木の風格がある見事なモッコクだ。中心部に枯れた幹が見られるが、全体的に樹勢は旺盛である。

　枝は細かく分岐し、先端は網目状になって広がり、ツバキの葉を小さくしたような厚い葉をやや輪生状につける。花は初夏に白く小さな花をつけ、秋に赤い実がなる。

▲全景、母屋に接するように立つ。

【位置】
北緯　34-55-12.9
東経　136-33-45.1

【アクセス】
四日市から国道1を南下、采女南交差点を右折、神社の近くのスペースに駐車、突き当りが中山寺。

87 三重県 地蔵大松(じぞうおおまつ)

県指定天然記念物

日本一のクロマツ——住宅地の中の別天地に立たずむ男松

どっしりと安定した樹形は見事である。2008.7.21 撮影

【樹種】クロマツ　【学名】*Pinus thunbergii*
【特徴】マツ科の常緑高木の針葉樹、本州～九州に分布。
【幹周】M 7.35 m（1.3 m 2008）　【樹高】20 m　【推定樹齢】400 年
【所在地】三重県鈴鹿市南玉垣町

全国のクロマツの巨木は、近年次々と枯れ、日本一の座が変遷してきた。まず、香川県さぬき市真覚寺の「岡の松」幹周 9.0 m は 1993 年に枯れ、次いで香川県宇多津町「円通寺のクロマツ」幹周 7.0 m は 2002 年に枯死して伐採された。

　ところが、これまで幹周 6.7 m とされていた、この「地蔵大松」が 2008 年の調査の結果、幹周 M 7.35 m（1.3 m）あることが判明し、一躍日本一に躍り出た。

　巨樹 DB に報告のあるクロマツは 1,000 件を超す。その中で 7 m を超えるものはすべて分岐幹の合計周。5 〜 6 m 台の単幹では、2012 年、静岡県藤枝市大慶寺の「久遠の松」を調査、幹周 M 5.39 m あることが判明。国内第 2 位の大きさを誇るクロマツである。

　「地蔵大松」は、民家と水田が半々になった新興住宅地にある。当初、住宅地という場所に戸惑いながら探すと、白砂を敷き詰めた美しい一角が見えてきた。その奥にまるで別天地に立たずむかのような巨大な松の姿があった。傍らに地蔵堂とその拝殿があり、地元の人々の信仰を集め、大切に守られているようであった。

　極めて樹勢のよい美しい枝ぶりの巨松で、日本一の貫禄は十分である。地上 1.5 m で 4 分岐し、東西 22 m、南北 26 m に枝を伸ばして、傘型の美しい樹形を形成している。

　北幹はすぐに 3 分岐するが、1 本は切断され、1 本は南方へ水平に 10 m 以上伸びている。中央の 2 本は垂直に立ち、そのうち南幹は 4 m で 2 分岐し、水平に枝を伸ばし、支柱によって支えられている。

◀第 2 位の静岡県「久遠の松」

【位置】
北緯　　34-51-38
東経　　136-35-04

【アクセス】
鈴鹿市の国道 23 号線を四日市から南下、南玉垣町北交差点を右折、すぐの交差点を右折し進むと交差点の角に立つ。

日本一のサザンカ——淡い花色で埋め尽くされる姿は壮観

三重県 高瀬家のサザンカ

市指定天然記念物

これでも四分咲き。2012.11.27 撮影

【樹種】サザンカ
【学名】*Camellia sasanqua*
【特徴】ツバキ科の常緑高木の広葉樹、本州（山口県）〜沖縄に分布。（東北以南に植栽）
【幹周】M 1.76 m（分岐 0.3 m 2011）
【樹高】10 m
【推定樹齢】150 年
【所在地】三重県松阪市飯南町柏野

▶巨大な幹

サザンカは日本特産種で花は白色、暖地の山地に生える。佐賀県の千石山にはサザンカ純林の群生が見られ、中には根元周囲 2 m の巨木もある。花色が紅から桃色の園芸品種が多く開発され、江戸時代から盛んに栽培されてきた。ツバキと異なるのは、花びらで散ることで、ツバキは花ごと落ちる。

　各地にサザンカの巨木があるが、そのほとんどは根元もしくは根元近くで分岐するもの。

- 愛知県豊田市「御作のサザンカ」珍しい単幹樹で、幹周 2.2 m、地上 2 m で 8 分岐し、枝張りは 5 m。
- 群馬県安中市「中木のサザンカ」根元周囲 2.24 m。
- 大分県日出町「日出の大サザンカ」根元周囲 2.2 m で、根元近くで 9 分岐する。日出中学校前庭に立ち、地元では日本一のサザンカといわれている。
- 兵庫県篠山市「西方寺のサザンカ」根元周囲 1.8 m で樹齢 600 年といわれている。
- 愛媛県大洲市「森山のサザンカ」根元周囲 1.8 m で 6 分岐する。
- 神奈川県鎌倉市「安国論寺のサザンカ」幹周 1 m ほどで樹齢 350 年という。

　これらを幹を含めた全体の大きさや、花つきなどの要素で考察してみると、この「高瀬家のサザンカ」が日本一見事である。

　根元周囲は 1.76 m で、地上 0.5 m で 2 分岐し、太い分岐幹は 1 m でさらに 2 分岐する。分岐幹の合計周を確認してみると、実に 3.01 m という結果が出た。樹勢は極めて旺盛で、枝張りが東西、南北それぞれ 12 m、面積 140 m² もある樹冠を形成し、前面の枝は地上 0.5 m まで垂れている。まるで枝垂サザンカである。花つきも極めてよく、11 月頃から咲き始め、最盛期は下旬頃で、全体が淡い紅色の花で埋め尽くされる様は壮観。

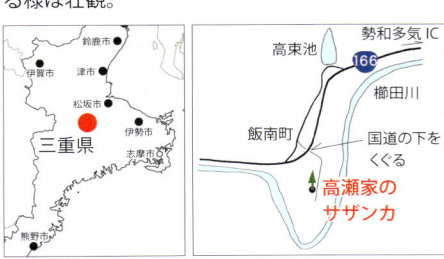

【位置】

北緯　34-26-15.7
東経　136-21-58.2

【アクセス】

勢和多気インターから、国道 368、国道 166 に入り 3 km、高束池へ右折、約 300 m で左折し国道の下をくぐって進むと立つ。

89 三重県 神木(こうのぎ)のイヌマキ

県指定天然記念物

日本一のイヌマキ——ご神木にふさわしいまっすぐで重量感溢れる樹幹

見事なイヌマキの単幹樹。2012.3.20 撮影

【樹種】イヌマキ　【学名】*Podocarpus macrophyllus*
【特徴】マキ科の常緑高木の針葉樹、本州（関東南部以西）～沖縄に分布。
【幹周】M 5.91 m（1.3 m 2012）　【樹高】24 m　【推定樹齢】800 年
【所在地】三重県南牟婁郡御浜町神木字西地

幹周の数字だけでいうと、鹿児島県鹿屋市「熊野神社のイヌマキ」幹周 6.8 m が日本一になる。ところが主幹は空洞化していて半壊。他に幹周 5 m 台が 11 本あり、そのうち幹周 5.5 m 前後のイヌマキが 3 本ある。
● 佐賀県武雄市「大聖寺のイヌマキ」幹周 5.5 m。見事なイヌマキで、根元近くで細い幹が分岐、2 m で 3 分岐の樹形。
● 東京都大島町「春日神社のイヌマキ」幹周 5.5 m。群生している中に該当する幹周の木が見当たらない。
● この「神木のイヌマキ」幹周 5.4 m。
　このうち日本一と称しているのが「大聖寺のイヌマキ」で、2 位と称しているのが「神木のイヌマキ」である。2012 年、「神木のイヌマキ」を調査すると、幹周 5.91 m あることが判明した。よって、このイヌマキが日本一に躍り出た。
　地上 4 m で 5 分岐するまでまっすぐに立上がる単幹の見事なイヌマキである。これほどの巨木であるにもかかわらず樹勢はよく、下部の枝は垂れる。主幹は縦に波打ち、黒々として重量感溢れる。現地では字名「西地」から、「西地のイヌマキ」と呼ばれている。

　神木集落から案内に従って町道を谷沿いに登ると、谷川の対岸、ちょっとした広場に堂々と立っている。全国のイヌマキを数多く見て来た経験から、一見して日本一と確信をもったほどの大きさであった。根元には「狩かけ宮」という意味不明の石が置かれ、古くから信仰の対象になっていたことを伺わせる。

◀ 佐賀県「大聖寺のイヌマキ」

【位置】
北緯　33-52-19.4
東経　136-01-30.4

【アクセス】
国道 311 で神木地区に入り、案内板に従って細い道を進むと、谷川の対岸に立つ。

90 京都府

日本一の台杉——龍神の化身とも見まがうど迫力

井ノ口山の伏条台杉

市指定天然記念物

下部の台杉と重なって巨大に見える。2008.9.29 撮影

【樹種】スギ 【学名】*Cryptomeria japonica*
【特徴】ヒノキ科の常緑高木の針葉樹、本州〜九州に分布。
【株周】M 15.2 m（0.5 m 2007） 【樹高】20 m 【推定樹齢】800 年
【所在地】京都府京都市左京区花背原地町　井ノ口山

台杉とは、低地の山林で植林できる一本杉の品種が開発される以前、自然スギの芯幹を切断して、側幹を何本も立てて、多くの材木を産出する技法。現在も庭木などで「台杉仕立て」として利用されている。植林技術が普及すると途絶え、それらが山に放置され、巨大化したスギが残った。

　京都の井ノ口山の台杉群の中で最も大きなスギが「伏条台杉」と呼ばれて、全国の台杉形態の杉群の中でも最も大きなものである。井ノ口山の台杉群生地には、環境保全のため一般は入山できない。取材の旨を伝えて、詳細な場所等を掲載しない条件で許可を得た。

　林道から道のない尾根を登り、井ノ口山山頂近くに「伏条台杉」はある。龍神杉とでも命名したいど迫力だ。

　地上1～1.5mで4分岐し、分岐した幹はさらにそれぞれ2、4、2、2分岐し、全体に10分岐以上に見える。上部は一本杉が林立する樹形で、1本で杉林を形成しているようだ。枝は水平に出て先端は垂れる典型的なアシウスギ（ウラスギ）である。幹の中にはお互いに連理するものもあり、どのような成長過程でこのような樹形になったものか、合理的に説明がつかないくらい複雑だ。

　急な谷側に向かって分岐した幹は垂れるように張り出し、これが伏条になっている。この下部に大小5本の台杉があり、上部から見ると、これらと一体になってさらに巨大に見え、太古の世界に迷い込んだのではないかと思うほど、幻想的な光景となる。

◀尾根方角から見た樹形

【アクセス】
立入禁止

日本一のムクロジ——余生をのんびり過ごすかつての有用樹

京都府 八幡神社のムクロジ

市指定天然記念物

一見ケヤキのように見えるが、葉が羽状。2012.6.30 撮影

【樹種】ムクロジ　【学名】*Sapindus mukorossi*
【特徴】ムクロジ科の落葉高木の広葉樹、本州〜九州に分布。
【幹周】M 5.08 m（1.3 m 2012）　【樹高】30 m　【推定樹齢】400 年
【所在地】京都府京丹後市峰山町鱒留大成 354　八幡神社

ムクロジは「無患子」と書き、病魔を追払う厄除けの意味や、実の皮にサポニンを含むことから洗剤として利用され、かつては有用植物として神社仏閣の境内に植えられた。そのため、巨木の多くは神社の境内にある。

　新潟・茨城以西の山地に生え、葉が羽状に切れ込む。種子は黒く硬く、羽根つきの玉や数珠の玉として利用され、かつては人々に馴染みの深い樹木であった。

　日本一のムクロジは、丹後半島のつけ根部分、山深い山村の鄙びた神社の境内にある。巨樹DBでは幹周4.96 mだが、実際は幹周が唯一5 mを超える単幹樹である。訪れた6月下旬、根元には無数の黒い種子が散乱していた。

- 奈良県御所市「櫛羅崇道(くじら すどう)神社のムクロジ」幹周4.66 m。
- 山梨県甲州市「柏原神社のムクロジ」幹周M 4.24 m。上部が膨らむ樹形で、幹周以上の迫力があり第2位と考えられる。
- 京都市「知恩院のムクロジ」幹周4.13 m。
- 山口県宇部市「竜王山のムクロジ」幹周5.5 mの分岐幹。

▲ムクロジの実と種子

◀第2位の山梨県「柏原神社のムクロジ」

【位置】
北緯　35-32-46.5
東経　135-01-10.1

【アクセス】
カーナビ設定
天女の里
電話 0772-62-7720
磯砂山登山口分岐からしばらく、2軒の民家前の谷間に神社。境内に立つ。

滝の椿

92 京都府

滝(たき)の椿(つばき)

府指定天然記念物

日本一タイのヤブツバキ──鹿の鳴き声響く谷間に立たずむ貴婦人

闇の中で赤い花が浮かび上がった。2010.4.10 撮影

【樹種】ヤブツバキ 'クロツバキ'
【学名】*Camellia japonica* 'Kurotsubaki'
【特徴】ツバキ科の常緑高木の広葉樹、ヤブツバキの園芸品種。
【株周】3.26 m（現地案内板）
【樹高】9.7 m
【推定樹齢】1,000 年
【所在地】京都府与謝郡与謝野町字滝 316

▶根元で分岐する主幹

クロツバキはヤブツバキの園芸品種で、花の色が赤黒い。そのため花が目立たないので、日没後にストロボで花を浮かび上がらせての撮影となった。日本一のヤブツバキ「上藤又の大椿」(p.150)、単幹日本一のヤブツバキ「しゃくじょうかたし」(p.230)と遜色ないもので同列1位とした。最近山側の幹に亀裂が入って、補修をうけてはいるが、先端の枝の花つきがずい分悪くなったようだ。

根元で2分岐し、谷側の幹が幹周1mほど、山側の幹が太く、地上0.5mで2分岐し、それぞれの幹周が1mほど。幹周3.2mは合計周と思われる。全体に3分岐する樹形に見える。根元に立ち入れなかったので、M式での測定はしていない。谷側から見ると笠形に見え、谷側に大きく枝を伸ばす樹形である。

椿のある谷間には以前大和田という集落があって、椿は共有木であった。村人は皆で椿油用の実を採取していたという。1961年に廃村になり、ご神木でもなかった椿はしばらく忘れ去られていたが、1986年、地元の椿愛好家が再発見して注目されるようになった。樹齢1,000年以上と思われることから、「滝の千年椿」とも呼ばれている。噂を聞きつけて訪れる人が増え、花の頃に椿祭りも開かれるようになったと聞く。

【位置】
北緯　35-27-51.9
東経　135-03-28.2

【アクセス】
京都縦貫道、舞鶴大江で降りて、国道175号線、176号線へと進み、奥滝で左折して林道へ入る。行き止まりで車を止めて200m登ると立つ。

93 日本一の分岐杉──驚異的な分岐の数とスケール

奈良県

高井の千本杉
（たかい の せんぼんすぎ）

県指定天然記念物

奇怪な分岐杉の成立過程は謎が多い。2012.3.21 撮影

【樹種】スギ 【学名】*Cryptomeria japonica*
【特徴】ヒノキ科の常緑高木の針葉樹、本州～九州に分布。
【株周】M 13.1 m（0.3 m 2008） 【樹高】45 m 【推定樹齢】500 年
【所在地】奈良県宇陀市榛原高井

この千本杉は、江戸時代には大和と伊賀、伊勢を結んだ伊勢本街道沿い、現在は国道369号線から狭い町道を登ったところにある。伝承では、根元にある古い井戸の周囲に植えられた何本もの杉が癒着して1本になったとされている。しかし、癒着の痕跡などがまったくなく、同一杉からなる自然分岐で、自然種の杉から選抜された奇形杉と思われる。このような異形の杉を神格化する例は他にもあり、石川県白山市の「御仏供スギ」「五十谷の大杉」、福井県勝山市の「岩屋の大杉」などがある。

　根元から15本に株立ちし、分岐数では日本一の杉である。手元の資料には幹周25mとあるが、これは15本の幹合計と思われる。幹の中心線から1.3mの周囲を測定すると株周18mある。最もくびれた部分の周囲はM13.1m（0.3m）で、これがこのスギの実態を表現していると思われる。最大幹の幹周は5mある。このような分岐幹巨木の場合、幹周の測定や位置づけは難しく、これまで多くの数値が存在して、混乱を招いてきた。単幹樹と分岐樹は同一に比較することは困難で、分けて考えるべきである。

　弘法大師が室生山へ向かう途中、この場所で弁当を食べ、使った杉箸を突き刺したものが根づいたものという伝承が残っている。地元では千杉白龍大神として祀られ、信仰を集めている。

▲分岐幹が特異な石川県「五十谷の大杉」

【位置】
北緯　34-30-35
東経　135-59-48

【アクセス】
桜井市から榛原市へ国道369号線で入り、高井で橋を渡ってすぐ左、手前方向に登る道がある。急な道の上部左に立つ。

94 和歌山県

熊野速玉大社のナギ
くまのはやたまたいしゃ

国指定天然記念物

日本一のナギ ── 1,000年の歴史を見つめた航海安全の守り神

樹齢1,000年のナギは、仙人のように立っていた。2012.3.20 撮影

【樹種】ナギ 【学名】*Nageia nagi*
【特徴】マキ科の常緑高木の針葉樹、本州〜沖縄に分布。
【幹周】5.0 m（1.3 m） 【樹高】17.6 m 【推定樹齢】1,000年
【所在地】和歌山県新宮市新宮1 熊野速玉大社

ナギはイヌマキと同じマキ科に属する樹木で、おもに紀伊半島から沖縄にかけて、暖地の山地に生育する。葉が切れにくいことから、夫婦の縁が切れないようにと、嫁入り道具に入れて持たせたという。また「凪」に通じることから、航海安全の樹として信仰されている。巨木は珍しく、幹周 5.0 m あるこのナギは日本一のナギとして知られている。
- ●鹿児島県国分市「高座(たかくら)神社のナギ」は幹周 4.34 m。
- ●静岡県森町「天宮神社のナギ」は幹周 4.0 m の堂々たるナギ。
- ●熊本県水俣市「薄原(すすばる)神社のナギ」は幹周 3.9 m。
- ●愛知県豊橋市「玉泉寺のナギ」は幹周 M 3.84 m。
- ●愛知県豊川市「牛久保のナギ」は幹周 3.5 m。樹齢 400 年以上という。
- ●奈良県春日野町「春日若宮のナギ」は幹周 3.4 m。
- ●香川県東かがわ市「末国のナギ」は幹周 3.4 m。
- ●愛媛県伊方町「法通寺のナギ」は幹周 3.37 m。
- ●三重県熊野市「長尾長全寺のナギ」は幹周 3.3 m。
- ●福井県小浜市「黒駒神社のナギ」は幹周 3.3 m。
- ●大分県豊後大野市「御手洗神社のナギ」は幹周 5.8 m で、分岐幹。

　ナギは成長の遅い樹木で、幹周 3 m で樹齢 400 年ともいわれ、「熊野速玉大社のナギ」にいたっては樹齢 1,000 年といわれ、幹周 12 m ほどの杉に匹敵する。

　熊野速玉大社は、熊野那智大社、熊野本宮大社とともに熊野三山の一つ。これらの大社を中心にした熊野信仰が平安時代以降全国に広まった。このナギは、1159（平治元）年熊野三山造営奉行の平重盛が社殿の落成記念として植えたと伝えられている。その時すでにかなりの大きさであったとしたら、樹齢 1,000 年は的外れな数字ではない。

◀全景

【位置】
北緯　33-43-53.6
東経　135-59-01.2

【アクセス】
国道 42、県境である熊野川の橋を渡るとすぐに右折、正面が熊野速玉大社。境内を進み、本殿近くの神宝館の向かいに立つ。

95 兵庫県 追手神社のモミ

国指定天然記念物

日本一のモミ──均整のとれた樹形が素晴らしい

主幹は巻き上がるように捩れて立上がる。2009.9.7 撮影

【樹種】モミ　【学名】*Abies firma*
【特徴】マツ科の常緑高木の針葉樹、本州（秋田県以西）〜九州に分布。
【幹周】M 7.96 m（1.3 m 2009）　【樹高】34 m　【推定樹齢】1,000 年
【所在地】兵庫県篠山市大山宮 302　追手神社

モミは日本特産の常緑針葉樹である。巨樹 DB に報告のある巨木は極めて多く、2,000 件近くに登る。その中で、日本一とされるモミが 2 本ある。その根拠は、どれも幹周が 7.8 m とされることに由来する。

　1 本はこの「追手神社のモミ」で、もう 1 本が高知県四万十市新玉神社の「新玉様のモミ」である。「追手神社のモミ」は、モミらしい単幹樹であるが、「新玉様のモミ」は、幹が 2 m で 2 分岐する樹形。2009 年の調査で、「追手神社のモミ」が幹周が M 7.96 m、「新玉様のモミ」が M 7.90 m であった。よって、「追手神社のモミ」が、日本一になった。追手神社の広い境内の中央辺りに立つ美しい単幹樹で、主幹は左巻に捩れるように立上がり、根元には小さな祠が祀られている。

　昭和初期まで日本一の座にあった群馬県中之条町の「嘴石のモミ」が、半壊しながら残っている。個人宅の屋敷内にあり、現在の幹周は 7.61 m で、落雷によって半分消失し、内部が空洞化した。樹高は 40 m もあり、かつては幹周 10 m 近い巨大なモミであった。

- 広島県庄原市「竹森八幡神社のモミ」幹周 7.35 m。
- 福井県おおい町「依居神社の大モミ」幹周 M 6.75 m。
- 徳島県つるぎ町「白山神社のモミ」幹周 M 6.5 m。

◀ 高知県「新玉様のモミ」

【位置】
北緯　35-06-20
東経　135-07-27

【アクセス】
舞鶴若狭自動車道、丹南篠山口インターで降り、国道 176 号線を北西に 8 km、大山宮の左手に追手神社があり、境内中央に立つ。

96 兵庫県 三日月の大ムク

日本一のムクノキ——民家の片隅で巨大化した驚異の普通種

県指定天然記念物

ご神体に花を供えるようにツワブキの花が咲いていた。2006.10.26 撮影

【樹種】ムクノキ　【学名】*Aphananthe aspera*
【特徴】アサ科の落葉高木の広葉樹、本州（関東以西）〜沖縄に分布。
【幹周】9.9 m（1.3 m）　【樹高】13.6 m　【推定樹齢】800 年
【所在地】兵庫県佐用郡佐用町下本郷 1475

日本一のムクノキは、中国道佐用インターを降りて、しばらく進んだ鄙びた山里、下本郷にある。下本郷入口あたりにムクノキの巨木があり、こちらは小さい方で、これより 500 m ほど進んだ、久森氏宅の裏庭、ブロック塀に囲まれた狭い空間にその巨木は立っている。撮影をお願いして裏に回ると、ちょうど根元にツワブキの花が満開であった。地上 1.5 m あたりに大きなコブがあり、堂々とした巨木である。先端の枝は家屋を覆うようにして伸び、樹勢はきわめて良好のようだ。幹周 9.9 m で、樹齢 800 年という。これだけの巨木が、個人宅の裏庭、それもかなり狭い空間に立っているのは奇跡のようだ。家の屋根を覆うように枝が伸び、実に窮屈そう。

　ムクノキは、ケヤキやエノキと混同されて、最近になってムクノキと判明した巨木も多い。特に丸い実のなるムクノキとエノキが混同される。ムクノキは葉の縁すべてに鋸歯があるのに対して、エノキは葉の先端にしか鈍鋸歯がないので区別できる。

- 大分県日田市にかつて日本一とされた「甫手野(ほての)のムクノキ」がある。幹周が 10.1 m あったが、2 分岐していた片方が台風で折れたという。
- 三重県津市「椋本の大椋」は幹周 9.5 m で、少し及ばないが、主幹背後が崩れているとはいえ堂々たるムクノキで、日本一の座を争う存在だ。
- 京都府南丹市「天引八幡神社の大椋」幹周 9.13 m（分岐幹）。
- 鳥取県伯耆町「岸本神社のムクノキ」幹周 8.3 m。
- 岡山県美作市「横川のムクノキ」幹周 8.1 m。

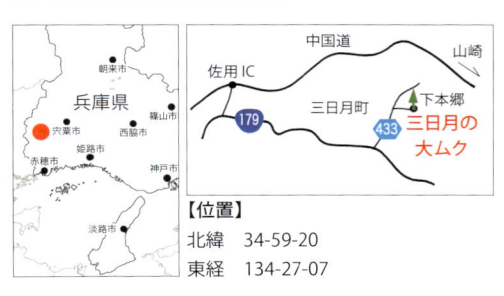

◀三重県「椋本の大椋」は日本一を争う。

【位置】
北緯　34-59-20
東経　134-27-07

【アクセス】
佐用インターから、国道 179 を東に進み、三日月で県道 433 に、下本郷で右折して、町道を進むと、ブロック塀の中に巨木が見える。

法雲寺のビャクシン

97 兵庫県

単幹日本一のイブキ──赤松円心の魂も宿る歴史ある守護木

県指定天然記念物

古刹の歴史そのものを感じさせる主幹である。2009.5.6 撮影

【樹種】イブキ（ビャクシン）　【学名】*Juniperus chinensis*
【特徴】ヒノキ科の常緑高木の針葉樹、本州〜沖縄に分布。
【幹周】10.5 m（1.3 m）　【樹高】35 m　【推定樹齢】700 年
【所在地】兵庫県赤穂郡上郡町苔縄 637　法雲寺

樹名はビャクシンとなっているが、イブキの別名で、巨木の場合ビャクシンと呼ばれる方が多い。海岸近くに生える性質があり、巨木の多くも海岸近くにある。ところが「法雲寺のビャクシン」は例外で、兵庫県の内陸部にある。カイヅカイブキはこの園芸種で、成長とともに側枝が捩じれて主幹に巻きつく性質があり、好まれて生垣などに植えられる。

　法雲寺境内にあり、赤松則村（円心）の円心堂の前に立つ。地上4mで3分岐する樹形で、樹齢は700年とも800年ともいわれる古木である。

　法雲寺は、臨済宗の禅寺で、1337（建武4）年、赤松則村が苔縄に雪村友梅善師を開山に創建した。ビャクシンは創建当時に植えられたものと思われ、当時でも相当の大きさのイブキであったようだ。

- 日本一巨大なイブキである香川県小豆島の「宝生院のシンパク」(p.218) 幹周21.3mは根元で3分岐する別格の大きさである。
- 愛媛県四国中央市「藤原のイブキ」幹周9.2m。
- 愛媛県四国中央市「下柏の大柏」幹周8.34m。
- 千葉県館山市「沼のビャクシン」幹周7.80m。
- 静岡県沼津市「大瀬崎のビャクシン」最大幹が幹周7.61m。
- 東京都三宅島「神着のビャクシン」幹周7.01m。
- 神奈川県鎌倉市「建長寺のビャクシン」幹周6.59m。

◀千葉県「沼のビャクシン」。幹周7.80mだが、上部が広がる樹形で、幹周以上に巨大感がある。

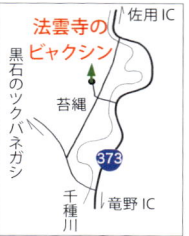

【位置】
北緯　34-53-56.8
東経　134-21-08.1

【アクセス】
佐用インターから国道373号線を20km南下、苔縄で千種川の橋を渡り、小学校に向かって右折、細い道を登ると法雲寺。寺の背後に立つ。

日本一のカキ ── 珍しい柿の墓標樹

98 岡山県

大町の西条柿（おおまちのさいじょうがき）

町指定天然記念物

樹下にたくさんの墓があり、墓標であったものか。2006.10.27 撮影

【樹種】カキノキ（カキ）　【学名】*Diospyros kaki*
【特徴】カキノキ科の落葉高木の広葉樹、中国原産といわれる。西条柿はカキノキの栽培品種の1つ。
【幹周】M 4.25 m（分岐 0.5 m 2006）　【樹高】17 m　【推定樹齢】400 年
【所在地】岡山県苫田郡鏡野町大町

カキの巨木は巨樹 DB に報告例はあるものの、実際の現地調査では、実感される大きさとかなり隔たりがあった。所有者もほとんど個人で、場所の特定が困難なものもいくつかある。

　当初広島県庄原市の「川北の大柿」が幹周 5.0 m で日本一と考えられていた。ところが、落雷によって主幹根元は半壊し、空洞化しており、報告された幹周は分岐幹の合計周と思われる。M 式測定では幹周 3.5 m（0.2 m）であった。これで日本一の選定は振り出しに戻った。

　第 2 位と思われたこの「大町の西条柿」は、幹周 4.5 m とされているが、実際は地上 1 m で大小 2 分岐する樹形で、これも幹周は合計周であった。M 式では、4.25 m（分岐 0.5 m）である。

　第 3 位と考えていた、山梨県南アルプス市の「中野のカキ」は、幹周 4.0 m と報告されているが、実際は主幹の手前が半壊状態で、3.5 m であった。

　調査の結果から日本一のカキは「大町の西条柿」に決定した。大町のバス停前から 50 m ほど離れたところに案内板があり、カキはその上の農道の先に立つ。樹下に墓石が 10 基ほど並び、カキは墓標として植えられたものであろうか。大変珍しい光景である。

　ちなみに、単幹日本一のカキは、広島県三次市の「森山の西条柿」幹周 3.4 m、樹高 22 m、落雷で先端が破損しているが、堂々たる柿の木である。また、樹形日本一は、岡山県吉備中央町「奥谷の流れ柿」幹周 3.1 m、これも見事な単幹樹で、まるで枝垂柿のようである。

◀ 樹形が素晴らしい岡山県「奥谷の流れ柿」

【位置】
北緯　35-09-53.1
東経　133-57-46.5

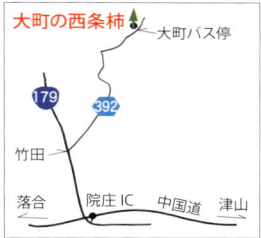

【アクセス】
院庄インターから、国道 179 号線を北上、竹田で県道 392 号線に右折して 8 km、大町バス停近くから山側に農道を 100 m 登った所に立つ。

99 岡山県 醍醐桜（だいござくら）

県指定天然記念物

景観日本一の桜——数多くの名作を生んだ一本桜は、後醍醐天皇お手植

対岸の山並を背景に美しく咲く。2010.4.9 撮影

【樹種】エドヒガン　【学名】*Prunus spachiana*
【特徴】バラ科の落葉高木の広葉樹、本州〜九州に分布。
【幹周】7.1 m（1.3 m）　【樹高】18 m　【推定樹齢】700 年
【所在地】岡山県真庭市別所 2277（吉念寺地区）

　その名前に恥じない日本を代表する名桜である。確かに、幹周 7.1 m は、幹周 10.6 m の山梨県「山高神代桜」（p.124）に及ばないものの、小高い丘の上に立つ立地、樹勢の旺盛さと樹形の見事さ、由緒など、これ以上見事なエドヒガンを他に知らない。

1332（元弘2）年3月、後醍醐天皇が京の都を追われ、隠岐に流される際、この地に立ち寄って桜を植えたと伝えられることから、醍醐桜と命名されたという。この伝説から樹齢700年以上とされる。

　地元では大桜と呼び、吉念寺集落の姓はほとんど「春木」ということだ。「醍醐桜」との関わりが深かったことを物語る。この集落はかつて和紙の里として栄えてきた。当地で生産された紙は大蔵省に納められ、紙幣にされたという。今も原料のミツマタが周辺に植えられ、桜の花と同時期に愛らしい黄色の花を咲かせている。

　「醍醐桜」は、丘の上に立つ立地から、太陽光線によって様々な表情を見ることができる。朝の光、昼の光、夕方の光、それぞれ異なった雰囲気で咲く姿が堪能できる。夜はライトアップ、月の光で幻想的な光景を見せてくれ、これまで多くの写真家による名作が誕生した。

　花に狂うという言葉があるが、まさに「醍醐桜」は、花狂いにとって桜権現のような存在だ。

　全国で景観の見事な桜は、以下などであろうか。
- 福島県三春町の日本一の枝垂桜「三春滝桜」(p.62)
- 富士山と八ヶ岳を背景に咲く山梨県韮崎市の「王仁塚の桜」
- 桜の立つ位置からの眺めが絶景な、高知県仁淀川町の「ひょうたん桜」
- 福島県二本松市の「合戦場のしだれ桜」
- 歴史を感じさせる、奈良県宇陀市の「本郷の又兵衛桜」

◀「醍醐桜」のライトアップ

【位置】
北緯　35-01-27
東経　133-38-50

【アクセス】
北房インターから、国道313を東に戻り、県道84を北上。花の季節は別所では一方通行になっているので案内に従って登る。村の駐車場に停めてから下る。

日本一のスダジイ──八岐大蛇(やまたのおろち)が絡み合うがごとき異相

100 島根県

志多備(したび)神社のスダジイ

県指定天然記念物

いくつもの頭をもった大蛇を連想させる。2006.10.30 撮影

【樹種】スダジイ　【学名】*Castanopsis sieboldii*
【特徴】ブナ科の常緑高木の広葉樹、本州～九州に分布。
【幹周】M 11.92 m（1.3 m 2008）　【樹高】20 m　【樹齢】不明
【所在地】島根県松江市八雲町西岩坂　志多備神社

全国のスダジイの報告は 5,000 件近くに登る。かつては幹周 11.4 m の「志多備神社のスダジイ」が日本一のスダジイとされていたが、その後、東京都御蔵島から幹周 13 m 台の 4 本ものスダジイが発見された。近年さらに京都府舞鶴市の成生岬でも幹周 13.8 m のスダジイが発見された。ところが、これらのスダジイを調査すると、御蔵島のスダジイはすべて根上りで、成生岬は分岐幹の合計周であった。結果、日本一のスダジイは「志多備神社のスダジイ」と、根上り日本一のスダジイとして「御蔵島の大ジイ」（p.100）の 2 つとした。

　「志多備神社のスダジイ」は、本殿から少し離れた境内中央に、柵に囲まれて鎮座する。地上 2 m で 10 分岐し、分岐幹の幹周 3 m 台が 6 本、1 ～ 1.5 m 台が 4 本もある。枝張りは 25 m × 27 m に及ぶ巨大な樹冠を形成して、樹下は昼なお暗い。

　桑並地区全体の総荒神（そうこうじん）として人々から崇敬され、毎年 11 月 9 日に総荒神祭りが行われる。わらでつくった大蛇を幹に祀る行事が行われ、翌年も大蛇がそのまま残されている。頭を幹の分岐部に置き、胴体を根元に巻きつける。このような巨木は全国でも例がない。

- ●石川県加賀市「十村屋敷跡のスダジイ」幹周 10.5 m。 
- ●宮城県亘理町（わたり）「称名寺のシイノキ」幹周 10.2 m。
- ●千葉県君津市「賀恵淵（かえふち）の大シイ」幹周 9.5 m。
- ●鳥取県「伯耆（ほうき）の大ジイ」幹周 11.4 m は幹周 M9.4 m（上部 0.3 m）。地元で日本一と言われている。

◀京都府「成生岬のスダジイ」

【アクセス】
国道 9 号線をまたいだ国道 432 号線を 8 km 南下し、右折して 1.2 km で、右手の山裾にスダジイの森が見える。道路沿いに駐車場と看板があり、農道を 100 m 歩くと、境内に立つ。

【位置】
北緯　35-23-25.6
東経　133-06-07.7

日本一のコナラ——ドングリの木の化け物

広島県

帝釈始終(たいしゃくししゅう)のコナラ

県指定天然記念物

いわゆるドングリの木が、このような巨大になるものか。2009.5.7 撮影

【樹種】コナラ　【学名】*Quercus serrata*
【特徴】ブナ科の落葉高木の広葉樹、北海道〜九州に分布。
【幹周】M 7.45 m（1.3 m 2008）　【樹高】20 m　【推定樹齢】600 年
【所在地】広島県庄原市東城町帝釈始終

コナラはミズナラと同様、薪炭として利用され、ほとんど伐採されるため巨木は珍しい。帝釈始終のコナラは、山の神として祀られたため大切に守られたようだ。

　入口がわかりにくく、峠辺りに進入路がある。少し下ると廃村集落にヒイラギの古木がある。この集落の人々は巨木に思い入れが深かったようだ。無住の民家裏手から、夏草の生茂る水田跡を伝って山手に向かう。ほとんど人の気配がない。入口に山の神の小さな祠があり、その上を覗くと巨体が立っていた。これがコナラ？　半信半疑で根元に立って、落葉を探した。確かにコナラである。それにしてもドングリのなるコナラの概念からは想像もできないくらい大きい。早速幹周を測定すると、報告値より 35 cm 大きい M 7.45 m という結果であった。地上 6 m で 2 分岐する樹形だ。

　全国のコナラで、幹周 7 m 台は「帝釈始終のコナラ」しかなく、群を抜いて日本一である。幹周 5 ～ 6 m 台のコナラもある程度本数が知られているが、単幹樹は少なく、ほとんど分岐幹である。

● 岐阜県飛騨市「津島神社のコナラ」幹周 6.7 m。
● 山形県大蔵村「白須賀のミズコナラ」幹周 6.3 m。ミズナラとの雑種である。
● 山梨市「広瀬の大ナラ」幹周 5.6 m。
● 長野県駒ヶ根市「上の森のコナラ」幹周 5.6 m。

その他、6 m 台のいくつかは原生林にあり、場所の特定が困難である。

◀ 岐阜県「津島神社のコナラ」

【位置】
北緯　34-53-14.6
東経　133-10-36.7

【アクセス】
東城インターから、県道 23・26 へ入って 1 km の峠に鎖のかかった入口がある。下ってヒイラギの巨木で左折、直進すると、コナラが見える。

金江の大ムロノキ

広島県 102

市指定天然記念物

日本一のネズ――まるでアメリカのブリッスルコーンパイン

枯れてなおしっかり残った主幹は見事である。2009.5.18 撮影

【樹種】ネズミサシ（ネズ）　【学名】*Juniperus rigida*
【特徴】ヒノキ科の常緑高木の針葉樹、本州～九州に分布。
【幹周】M 4.5 m（1.3 m 2009）　【樹高】11 m　【推定樹齢】600 年
【所在地】広島県福山市金江町本谷

ムロノキとは、ネズミサシのことで、別名ネズと呼ばれるヒノキ科ビャクシン属の樹木である。漢名は「杜松」で、盆栽ではそのまま音読みして「トショウ」と呼ぶ。硬い針葉をネズミ除けに使っていたことから、ネズミを刺すという意味で「ネズミサシ」となり、それが縮まって「ネズ」と呼ばれるようになった。

　日当りのよい花崗岩地などに自生し、成長が遅くて巨木になるものは少ない。全国にネズの巨木の報告は少なく、ほとんどが幹周1～3mほどである。その中でこのムロノキは群を抜いて巨大である。主幹は白骨化して生きてはいないようだが、側幹が健在で、まるで世界一の寿命をもつアメリカのマツ科植物「ブリッスルコーンパイン」にその姿が似て、日本一のネズとして他を考えることができないほどの存在感がある。

　本谷池に続く左岸の細い道を進むと、一段高くなったところにこのムロノキがある。白骨化した主幹が目立ち、すぐそれとわかる独特の樹形をしている。西側に倒れた幹と東側に伸びる幹が生き残って、それぞれ4～5m先で直立し、先端の枝葉は垂れている。

- 香川県三豊市「二宮のネズ」幹周M 4.26m、樹高13.5m。地上2mで2分岐する樹形。道路脇に立ち、主幹が健在なネズでは日本一になる。
- 愛知県新城市「ネズの樹」幹周3.5m。
- 兵庫県篠山市「畑市の大ネズ」幹周3.1m。
- 岡山県笠岡市「井立のネズの木」幹周2.8m。
- 愛媛県内子町「宇都宮神社のネズミサシ」幹周2.26m。

◀香川県「二宮のネズ」

【位置】
北緯　34-25-40.3
東経　133-17-45.5

【アクセス】
かなり複雑。カーナビ住所設定「福山市金江」で、画面内に本谷池がある。ここを目指すと、池の近くの分岐路に案内板が出てくる。

広島県 吉田のギンモクセイ

103 日本一のギンモクセイ──粉雪をかぶったように花が咲く

県指定天然記念物

扇型に広がる樹形は安定感があり見事だ。2010.5.30 撮影

【樹種】ギンモクセイ　【学名】*Osmanthus fragrans* var. *fragrans*
【特徴】モクセイ科の常緑高木の広葉樹、中国原産。
【幹周】M 3.2 m（分岐 0.3 m 2010）　【樹高】12 m　【推定樹齢】400 年
【所在地】広島県三原市久井町吉田 72

ギンモクセイは、変種のキンモクセイと共に中国から渡来した雌雄異株の樹木で、なぜか両者とも雄株しか渡来していない。そのため結実することがなく、増殖はもっぱら接ぎ木による。

　日本一のギンモクセイは久井町吉田集落の個人宅の前、道路沿いに立つ。半球形の樹形が美しい。根元近くが最も細く、幹周 M 3.2 m（0.3 m）である。もともと株立ちであったものが、成長に伴って地上 1.3 m 付近まで癒着したもののようだ。

　巨樹 DB の報告幹周 7.83 m は、分岐幹の合計周と思われ、地上 1.3 m での株周は 4.2 m である。主幹は地上 1.3 m で 7 分岐し、さらに地上 3 m 付近で大小 20 本ほどに分岐し、先端の枝は地面につくほどに垂れるように広がる。東西 20 m、南北 11 m の枝張りがあり、ギンモクセイとしては別格の大きさである。9 月中旬、純白の小さな花を多数つけ、粉雪をかぶったように見えるという。

- 富山県滑川市「岩城家のギンモクセイ」幹周 3.0 m。
- 奈良県東吉野村「円覚寺のギンモクセイ」幹周 2.7 m。
- 富山県上市町「立山寺(りゅうせんじ)のギンモクセイ」幹周 2.5 m。
- 愛媛県伊予市「翠(みどり)小学校のギンモクセイ」幹周 2.5 m。
- 富山県入善町「米島家のギンモクセイ」幹周 2.2 m。
- 長野県南木曽町「妻籠のギンモクセイ」幹周 1.9 m。
- 石川県金沢市「長久寺のギンモクセイ」株周 3.58 m（0.8 m）だが、根元で 9 分岐する分岐幹。
- 島根県奥出雲町のギンモクセイは幹周 3.5 m だが、これは分幹の合計周。

◀石川県「長久寺のギンモクセイ」

【位置】
北緯　34-32-14.6
東経　133-03-24.4

【アクセス】
カーナビ住所設定「三原市吉田 72」で、吉田のギンモクセイが出てくる。

宝生院のシンパク

香川県 104

日本一のイブキ——本樹を見ずして巨木を語ることなかれ

国指定特別天然記念物

ただただ巨大。その迫力に圧倒される。2007.4.9 撮影

【樹種】イブキ（ビャクシン）　【学名】*Juniperus chinensis*
【特徴】ヒノキ科の常緑高木の針葉樹、本州〜沖縄に分布。
【幹周】21.3 m（1.3 m 3 本の合計周）　【樹高】20 m　【推定樹齢】1,500 年
【所在地】香川県小豆郡土庄町上庄中筋 472–3　宝生院

　その大きさは、単幹日本一のイブキ「法雲寺のビャクシン」（p.204）と並んで、日本一のイブキである。分岐幹であるが、他に比較するイブキがないくらい巨大だ。
　地上 1 m で 3 分岐し、分岐点での幹周がそれぞれ 7.3 m、6.2 m、7.8 m。

合計幹周が 21.3 m という巨大なイブキである。根元周囲を測定して、M式の正確な幹周を測定したかったが、樹下に立ち入れず残念であった。想像では 15〜16 m ほどであろうか。シンパクは「槇柏」もしくは「真柏」と書き、通常ビャクシンの変種ミヤマビャクシンを盆栽にしたものをそう称している。

　その主幹の肌は波打ち、立上がる幹はくねり、まるで巨大な生命体が呼吸をしているかのような生々しさがあり、とても樹齢千数百年を経たものとは思えないくらいだ。この巨木の樹形にたとえる他の存在が見当たらない。日本の巨木を語る場合、「宝生院のシンパク」を見ずしては語れない。

　宝生院は小豆島八十八カ所めぐりの霊場で、お遍路姿の人がお参りに訪れる。シンパクは境内の右手、塀に囲まれた中央に立つが、巨大なため塀からはみ出している。応神天皇が植えられたという伝説が残されているくらい古く、推定樹齢の 1,500 年は、オーバーではなさそうなほどの巨木である。撮影困難な巨木の1つで、なかなか巨大感を表現することができない代表的巨木であろう。

▶全景、巨体は敷地からはみ出る。

【アクセス】
小豆島へフェリーで渡り、土庄近くに宝生院がある。駐車場のすぐ上に立つ。

【位置】
北緯　34-29-35.6
東経　134-11-50.5

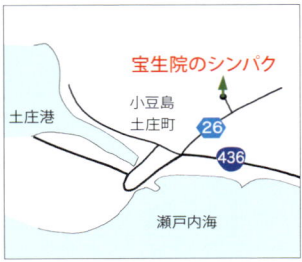

日本一のセンダン──無骨な幹に愛らしい花の妙

105 香川県
琴平の大センダン

国指定天然記念物

巨大な幹に愛らしい淡紫色の花の対比が面白い。2010.5.28 撮影

【樹種】センダン　【学名】*Melia azedarach*
【特徴】センダン科の落葉高木の広葉樹、本州（伊豆半島以西）〜沖縄に分布。
【幹周】M 6.85 m（1.3 m 2010）　【樹高】18 m　【推定樹齢】300 年
【所在地】香川県仲多度郡琴平町 129

全国有数のセンダンは3本ある。かつて日本一といわれていた山口県萩市の「木部の大センダン」は枯死。幹周M8.02mある徳島県阿波市の「野神の大センダン」が幹周では日本一になった。しかし、近年根元に大きな空洞ができ、先端の幹が破損、樹形が損なわれたうえ、全体がずい分小さくなってしまい、幹周ほどの迫力はなくなってしまった。

　残りの1本の、「琴平の大センダン」は幹周が6mと報告されていたが、2010年の調査でM6.85mあることがわかり、樹高も18mと、樹勢も大変旺盛である。地上6mで大小3分岐し、枝葉を大きく伸ばし、主幹は荒々しい樹肌で、巨大感がある。訪れた5月下旬、ちょうど花の頃で、巨木には似つかわしくない小さな紫色の花をつけていた。

　確認できる幹周6m台の、愛媛県西条市の「実報寺のセンダン」は、幹周6.36mで、「琴平の大センダン」に及ばない。この結果から、琴平の大センダンを日本一にした。

　センダンはインターネットで「小学校　センダン」で検索すると、「○○小学校のセンダン」が数多く出てくる。「栴檀は双葉より芳し」のことわざから、小学校の校庭などに好んで植えられるようになったものだが、ことわざの栴檀はインド原産の香木であるビャクダン（白檀）のことで、それがセンダンと勘違いされたという。白檀は心地よい香りを発し、害虫を寄せつけないことから、悪に染まらず、よい性質をすくすく伸ばしてほしいとの思いを託したものであろうか。

　「野神の大センダン」もやはり久勝小学校と保育所近くに立ち、「琴平の大センダン」は、現在町営バスの乗降場になっているが、かつて保育園の跡地という。

◀徳島県「野神の大センダン」

【位置】
北緯　34-11-14.7
東経　133-49-18.9

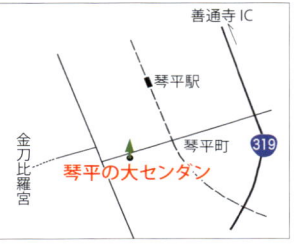

【アクセス】
こんぴら参りで有名な琴平の中心街に町営バスの乗降場があり、大きな駐車場の奥中央に立っている。

津志嶽のシャクナゲ

徳島県 106

日本一のシャクナゲ——この種類にして信じがたいほどの太い幹

町指定天然記念物

巨大なシャクナゲ門になる。2010.5.29 撮影

【樹種】ホンシャクナゲ
【学名】*Rhododendron japonoheptamerum* var. *hondoense*
【特徴】ツツジ科の常緑低木の広葉樹、本州（中部地方以西）～四国に分布。
【幹周】M 1.82 m（分岐 0.2 m 2010）　【樹高】8 m　【樹齢】不明
【所在地】徳島県美馬郡つるぎ町一宇　津志嶽

　一般的にシャクナゲといえば、ホンシャクナゲを意味することが多い。ホンシャクナゲはツクシシャクナゲの変種。しかし、葉裏面の毛の状態など細かい違いでしかないので、巨木では区別しないことにする。

　津志嶽の標高 1,200～1,300 m の尾根の 3 カ所に群生地があり、幹周 50～90 cm のシャクナゲが 272 本確認されている。その中で最大の

ものは幹周が 92 cm といわれるが、これは登山道から離れた藪の中にあり確認できない。標高 1,300 m の尾根道分岐近くにあるシャクナゲは、登山道沿いで最も大きく、幹周 M 1.82 m（分岐 0.2 m）、根元近くで 2 分岐し、それぞれの幹周が 0.7 m と 0.68 m、樹高 8 m という巨大なものである。その下の道をくぐると、まるでシャクナゲの大門だ。単幹では前出のシャクナゲが大きいが、こちらは総合的に見て日本一のシャクナゲといえるであろう。

- 広島県北広島町「志路原のシャクナゲ」幹周 1.2 m（0.3 m）の単幹日本一のツクシシャクナゲである。
- 兵庫県篠山市「打坂のシャクナゲ」幹周 0.76 m だが、倒木で根元だけ残る。
- 福井県小浜市「百里岳のシャクナゲ」幹周 0.7 m。群生地最大株。
- 佐賀県神崎市浄徳寺「弁財天シャクナゲ」株立ちで樹齢 400 年、枝張り 6.5 m、樹高 6 m。
- 佐賀県唐津市「志気の大シャクナゲ」株立ちで樹齢 200 年、枝張り 5 m ほどが 4 株ある。

▲太い分岐幹

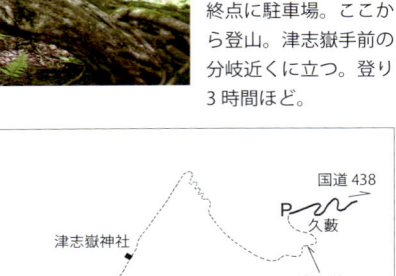

【アクセス】
国道 438 号線、岩戸温泉からしばらく南下し、右手に赤い鳥居がある道に右折、久藪の終点に駐車場。ここから登山。津志嶽手前の分岐近くに立つ。登り 3 時間ほど。

【位置】北緯　33-55-49.5
　　　　東経　134-02-10.3

| 107 徳島県 | 日本一のネジキ──容易にたどり着けない山中ならではのお宝木 |

奥大野のネジキ

このようなネジキが存在すること自体が驚異である。2009.9.6 撮影

【樹種】ネジキ　【学名】*Lyonia ovalifolia* var. *elliptica*
【特徴】ツツジ科の落葉低木の広葉樹、本州（岩手県以西）〜九州に分布。
【株周】M 3.61 m（0.2 m 2009）　【樹高】8 m　【樹齢】不明
【所在地】徳島県美馬郡つるぎ町一宇奥大野

ネジキは丘陵から山地の尾根や雑木林に生える樹木で、巨木のイメージはまずない。太くて腕ほど、幹周数 m というネジキは存在そのものが驚異である。幹が捩れることから「ネジキ」の名前があり、細工物には利用できない。子供の頃に里山で遊んでいたことから、ネジキは身近な木であった。最近になって、白いかわいい花をつけることを知って、あらためてネジキを見直した。アカマツの二次林に多く生育し、松枯れ以後の遷移進行に伴い次第に減少しているという。いずれ、尾根や岩場にしか見られなくなるかもしれない。

　四国のつるぎ町の山中に幹周 7.78 m という驚異のネジキがあると聞きつけ出かけた。事前に詳細な地図を手に入れていたが、簡単にたどり着けるところではなかったので注意が必要である。

　標高 1,040 m の尾根にあり、周囲には巨大なアセビなどもある。根元より大小 15 分岐し、幹周はその合計周のようだ。最もくびれた根元周囲を測定すると M 3.61 m。最も太い幹は 1.15 m あり、文句なく巨大である。

●富山県上市町「立山寺（りゅうせんじ）のネジキ」幹周 1.1 m の単幹樹。

●福井県大野市「屏風山のネジキ」株周 3.15 m の分岐幹で、主幹は枯れて空洞状。

●京都府福知山市「天寧寺のネジキ」幹周 2.06 m の分岐幹。

●石川県能美市「日吉神社のネジキ」幹周 1.8 m の分岐幹。

◀福井県「屏風山のネジキ」

【アクセス】
大野集落に車で登る。2 軒ある民家の間に登り口があり、登山道を 1 時間、杉林で道がとだえる。崖の右手をよじ登り、尾根に出て、右手の尾根 50 m 先に立つ。

【位置】
北緯　33-56-18.3
東経　134-05-03.8

108 徳島県
剣山(つるぎさん)のナナカマド

日本一のナナカマド──巨大になること自体が驚き

ナナカマドとは信じがたい大きさがある。2010.8.8 撮影

【樹種】ナナカマド　【学名】*Sorbus commixta*
【特徴】バラ科の落葉高木の広葉樹、北海道〜九州に分布。
【幹周】M 2.2 m（1.3 m　2010）　【樹高】8 m　【推定樹齢】500 年
【所在地】徳島県三好市　剣山

ナナカマドは山地に生え、真っ赤な紅葉と赤い美しい実を垂れるようにつける樹木として知られる。高山の秋を彩るのはよく似た別種のウラジロナナカマドの方で、実が上を向くので区別がつく。巨木としてのイメージのない樹木で、山地で見るものは、大きなものでも幹は腕ほどの太さであろうか。

　四国の剣山へアザミの調査に登った際に、偶然発見した。標高 1,800 m 付近の登山道沿いにナナカマドの古木が多いことに気がつき、巨木があるのではないかと、植物調査終了後再び丹念に調べていくと、ついにあった。

　標高 1,760 m の登山道沿いにあり、地上 0.5 m と 1.5 m に細い幹が出るものの、ほぼ単幹樹である。主幹は苔むし、いったいこの地にどれほどの年月生き長らえてきたのか、想像を絶するものであった。ナナカマドの巨木情報はほとんどなく、剣山のナナカマドは稀有な存在といえるであろう。

◀周辺にはナナカマドの古木が点在する。これは標高 1,800 m にあるもので、9 分岐して立上がる大きな株立ちのナナカマド。

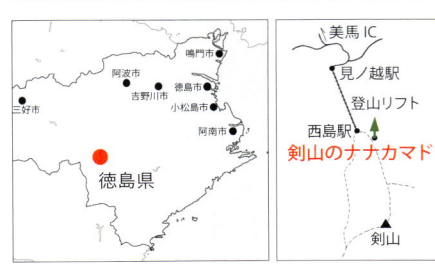

【アクセス】
登山リフト終点西島駅から尾根ルートをしばらく登ると左側に立つ。

【位置】
北緯　33-51-34.3
東経　134-05-37.1

寺社境内日本一のスギ —— 古代の息吹を伝える夫婦杉

109 高知県

杉の大杉(おおすぎ)(南大杉(みなみおおすぎ))

国指定特別天然記念物

幹周の大きさでは縄文杉に次いで第2位。寺社境内では1位の大杉。2007.4.8 撮影

【樹種】スギ　【学名】*Cryptomeria japonica*
【特徴】ヒノキ科の常緑高木の針葉樹、本州〜九州に分布。
【幹周】15.0 m（1.3 m）　【樹高】68 m　【推定樹齢】2,000年
【所在地】高知県長岡郡大豊町杉794　八坂神社

南北2本からなり、単幹スギでは南大杉が「縄文杉」(p.250) に次ぐ大きさで、寺社境内にあるスギでは日本一だ。巨樹 DB の報告値は2本が一体として幹周が 25.6 m とされ、地元で日本一のスギの根拠になった。実際は完全に分離している。北大杉はほぼ一本杉で幹周 8 m、南大杉が幹周 15 m と大きく、樹形は複雑である。南大杉は地上 6〜7 m で主幹を囲むように、3本の幹が出て、板状に張り出している。正面の幹は 6 m で 2 分岐し、一方は切断。左の幹は 7 m で 3 分岐、背後の幹は主幹とつながった部分で窓があく不思議な構造。主幹には多くの枝の痕跡があり、こぶ状になって残っている。

- 千葉県鴨川市「清澄の大杉」幹周 M 14.2 m。
- 新潟県阿賀町「将軍杉」幹周 M 13.5 m。
- 宮崎県椎葉村「八村杉」幹周 M 13.05 m。
- 岐阜県中津川市「加子母の杉」幹周 M 13.0 m。
- 秋田県横手市「筏の大杉」幹周 M 11.8 m。
- 山形県鶴岡市「熊野神社の大杉」幹周 M 11.7 m。
- 山形県鶴岡市「山五十川の玉杉」幹周 M 11.4 m。
- 静岡県浜松市「春埜杉」幹周 M 11.4 m。 
- 長野市「日下野の杉」幹周 M 11.3 m。
- 山梨県早川町「湯島の大杉」幹周 M 11.1 m。
- 栃木県那須塩原市「塩原の逆杉・男木」幹周 M 11.0 m。
- 島根県隠岐の島町「玉若酢命神社の八百杉」幹周 M 11.0 m。
- 新潟県上越市「虫川の大杉」幹周 M 10.6 m。
- 福井県勝山市「岩屋の大杉」幹周 16.0 m。根元分岐、分岐幹合計周。

◀ 単幹第2位の千葉県「清澄の大杉」

【位置】
北緯　33-45-14.6
東経　133-39-47.7

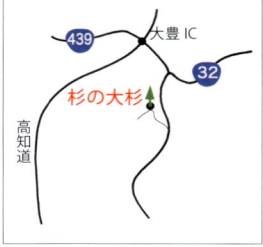

【アクセス】
大豊インターを降りて、国道32号線を南下して2 km、右折して細い坂を登ると神社前の駐車場。境内の本殿前に立つ。

単幹日本一のヤブツバキ──映画のモデルになった大椿

高知県
しゃくじょうかたし
県指定天然記念物

ヤブツバキとは思えぬ幹周りに驚嘆する。2010.3.28 撮影

【樹種】ヤブツバキ　【学名】*Camellia japonica*
【特徴】ツバキ科の常緑高木の広葉樹、本州〜沖縄に分布。
【幹周】M 3.02 m（1.3 m 2010）　【樹高】13 m　【推定樹齢】700 年
【所在地】高知県吾川郡いの町上八川丙柿藪

名前が変わっている。「しゃくじょう」とは錫杖で、「かたし」とはこの地方の呼び名で椿のことをいう。樹形が錫杖に似ていることからこう呼んでいるという。東陽一監督の映画「絵の中のぼくの村」の舞台になったことで、一躍有名になった椿。入口に大きな看板があり、子供たちが椿に登って、枝の間から笑顔を覗かせている写真がある。本来、巨木と人々の関わりあいはこうだった。人々が日常的に巨木に触れられなくなったのは、寂しいことだ。

全国のヤブツバキの巨木の報告例は「上藤又の大椿」(p.150) の項で述べた通り、ほとんどが根元近くで分岐するもの。全国調査をした中でも、他に単幹は 10 本ほどで、幹周は 3 m 以下。

- ●愛媛県四国中央市「熊野神社のヤブツバキ」幹周 3.0 m。地上 1.3 ～ 1.5 m で分岐、分岐部が太くなるが、見事である。
- ●富山県氷見市「長坂不動の大ツバキ」幹周 2.0 m。
- ●兵庫県多可町「坂本の化け椿」幹周 2.0 m。
- ●山口県大津島「ヤブツバキの巨樹」幹周 2.0 m。地上 1.3 m で 2 分岐。
- ●茨城県笠間市「五霊のツバキ」幹周 2.0 m は 2004 年ごろ枯死。 
- ●広島県世羅町「山中福田のツバキ」幹周 1.9 m。
- ●島根県松江市「連理玉椿」幹周 1.8 m。
- ●愛媛県久万高原町「大元神社のヤブツバキ」幹周 1.78 m。
- ●鳥取県三朝町「福本のツバキ」幹周 1.7 m。
- ●石川県加賀市「桂谷菅原神社の大椿」幹周 1.32 m。まったく分岐しない単幹樹。

◀ 愛媛県「熊野神社のヤブツバキ」も見事

【位置】
北緯 33-40-14.8
東経 133-24-48.4

【アクセス】
高知自動車道、大豊インターで降り、国道 439 号線を西に 30 km、柿藪の道路沿いに大きな看板があり、その上部に立つ。

日本一のユーカリ —— 生命力溢れる学校のシンボル

111 愛媛県

桜井小学校のユーカリ

市指定天然記念物

異国の情緒を醸し出すユーカリの巨木。2010.5.30 撮影

【樹種】ユーカリ 　【学名】*Eucalyptus globula*
【特徴】フトモモ科の常緑高木の広葉樹、オーストラリア原産。
【幹周】M 4.7 m（1.3 m）　【樹高】30 m　【推定樹齢】110 年
【所在地】愛媛県今治市郷桜井 1–8–26　桜井小学校

日本一のユーカリは愛媛県今治市の桜井小学校運動場の南側隅に立つ。この木は1899（明治32）年の学校創立の際に、記念樹として正門の両側に植えられた2本の苗木のうちの1本で、樹齢110年以上になる。

　ユーカリは世界最大樹の1つといわれ、オーストラリア原産で乾燥に強く、その葉はコアラのえさとして知られる。日本には1875（明治8）年に輸入されたとの記録があることから、現在残っているユーカリでは最も古いものであろう。樹肌は日本の木に見られない色と艶があり、異国の雰囲気を醸し出して、子供たちに夢を与え続けてきたに違いない。左写真下方の枝にツタが絡まっているように見えるのは、若い枝に着く葉の形が異なるためで、成長した枝からはヤナギのような細い葉が出る。

　幹周4.7m、樹高30mに成長し、これまで多くの子供たちの成長を見守ってきた。小学校卒業生にとっては思い出の巨木であろう。特に西日本の小学校では校庭にユーカリが多く植えられている。この木は大変成長が早い樹種で、5～15年で材として利用できるという。その生命力の強さやたくましさ、すくすくと成長してほしいとの願いから植えられたものであろう。

- ●香川県高松市「古高松小学校のユーカリ」幹周4.3m。2004年折れて倒れた。
- ●広島市「被爆ユーカリ」幹周4.3m。地上1.2mで3分岐。
- ●兵庫県相生市「相生小学校のユーカリ」幹周4.2m。
- ●香川県三豊市「善教寺のユーカリ」幹周4.1mは枯損。
- ●香川県高松市「牟礼小学校のユーカリ」幹周4.0m。
- ●香川県三豊市「上高瀬小学校のユーカリ」幹周3.3m。

◀香川県「上高瀬小学校のユーカリ」

位置
北緯　34-00-57.5
東経　133-02-03.9

【アクセス】
カーナビは住所設定。
伊予桜井駅の北約600m。

愛媛県

大下家のカゴノキ（おおしたけのカゴノキ）

市指定天然記念物

日本一のカゴノキ──鹿の子模様の樹肌がひときわ美しい

半分枯れているとはいえ、今なお巨大なカゴノキ。2009.5.16撮影

【樹種】カゴノキ 　【学名】*Litsea coreana*
【特徴】クスノキ科の常緑高木の広葉樹、本州〜沖縄に分布。
【幹周】M 6.5 m（1.2 m 2009）　【樹高】15 m 　【推定樹齢】400年
【所在地】愛媛県大洲市豊茂甲794

「大下家のカゴノキ」は、「豊茂のこがのき」とも「長浜のカゴノキ」とも呼ばれ、日本一のカゴノキである。その根拠は、巨樹 DB の報告値幹周 9.5 m にある。記録上これを上回るカゴノキがない。

　カゴノキは、樹皮が灰黒色で、まだらに剥がれて白い鹿の子模様になることが名前の由来で、幹は実に美しい。

　巨樹 DB では、9 m 台が、
- 徳島県つるぎ町「地蔵森のカゴノキ」幹周 9.35 m とされるが、実際は 3 分岐の合計周で M 5.15 m（分岐 0.5 m）。

8 m 台がなく 7 m 台が、
- 京都府福知山市「池田大神宮のカゴノキ」幹周 7.7 m とされるが、実際はこれも分岐幹の合計周で、かなり衰弱している。

　よって、「大下家のカゴノキ」は群を抜いて日本一かと思われたが、2009 年の調査では、西半分の幹が朽ちて枯れた幹が残り、東幹だけが生きている様子であった。早速幹周を測定すると M 6.5 m（1.2 m）という結果が出てずい分小さくなった。しかし、現在まで単幹で幹周 6 m を超えるカゴノキが見つかっていないので、日本一の座を確保した。

　「大下家のカゴノキ」は、細い町道と谷側の斜面のわずかな空間に立ち、主幹は地上 1 〜 2.5 m で 5 分岐し、鹿の子模様の幹を広げ、半分枯れたとはいえ樹勢は旺盛である。樹下には「こがのき」の石柱の他、明治期に建てられた巨大な石板などが多く、かつて樹形が見事な時期には、有名な存在であったことが伺える。今は訪れる人もなく、夏草が生い茂っていた。

ちなみに、鹿の子模様が美しいのは、
- 福井県若狭町「小川神社のカゴノキ」である。

◀ 福井県「小川神社のカゴノキ」

【位置】
北緯　33-33-32.7
東経　132-27-46.5

【アクセス】
松山自動車道の大洲インターを降り、県道 24 号線で長浜に向かい、大和橋を渡って県道 28 号線に入る。豊茂地区に入る所で谷川を渡って対岸の細い町道を進むとカーブの左に立つ。

113 福岡県 太宰府天満宮（だざいふてんまんぐう）のヒロハチシャノキ

国指定天然記念物

日本一のチシャノキ──痛ましき様にも天神ならではの趣

解説がなければ何の種類かわからないだろう。2007.6.17 撮影

【樹種】チシャノキ（ヒロハチシャノキ）　【学名】*Ehretia acuminata*
【特徴】ムラサキ科の落葉高木の広葉樹、本州（中国地方）～沖縄に分布。
【幹周】6.5 m（1.3 m）　【樹高】15 m　【推定樹齢】700 年
【所在地】福岡県太宰府市太宰 4–7–1　太宰府天満宮

チシャノキは一般にあまり知られていない、暖地に生えるムラサキ科の樹木である。葉の幅の広いものを変種のヒロハチシャノキとして分けることがあるが、巨木を論ずる場合これらを区別しないことにする。葉が柿の葉に似て、花を見なければ一見区別がつかない。そのため「カキノキダマシ」の別名があるくらいだ。

　太宰府天満宮のはヒロハチシャノキである。本殿の裏、奥まった西側の門近くにあり、落雷で主幹を失い、ベルトを巻かれ、支柱で支えられ、満身創痍の状態である。いったい樹齢はどのくらいのものか、想像を絶する太さである。太宰府天満宮の歴史を考えてみても、創建当時からあった可能性すら感ずる。

　訪れたのは6月中旬で、運良く花が真っ盛りであった。枝の先端に小さな白い花をびっしりつけていた。境内にはクスノキの巨木が多く、特に本殿の左手にあるものが大きい。一般にこれを「天満宮のクス」と呼び、幹周12.5m、地上3mで3分岐する。本殿の後ろには「夫婦クス」があり、根元近くで2分岐する樹形からそう呼ばれている。

▲ヒロハチシャノキの花と葉　　▲同じ境内にある「天満宮のクス」

【位置】
北緯　33-31-19.2
東経　130-32-03.5

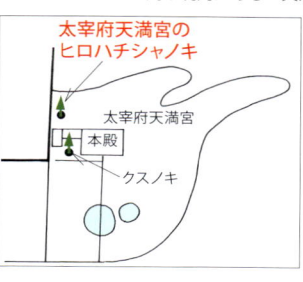

【アクセス】
西鉄太宰府駅から徒歩5分

114 宮崎県 大久保のヒノキ

国指定天然記念物

日本一のヒノキ──無数の枝が絡みあう特異な外観

巨大な枝が複雑に出る奇怪な樹形。2007.6.11 撮影

【樹種】ヒノキ　【学名】*Chamaecyparis obtusa*
【特徴】ヒノキ科の常緑高木の針葉樹、本州（福島県以西）～九州に分布。
【幹周】M 7.8 m（1.3 m 2008）　【樹高】32 m　【推定樹齢】800 年
【所在地】宮崎県東臼杵郡椎葉村下福良字大久保

長らく日本一とされた高知県四万十町の幹周 9.9 m という「折合のヒノキ」が枯れ、ヒノキ日本一の座が不明確になった。というのは、2 位といわれた宮崎県「大久保のヒノキ」も、幹周がこれまで 9.3 m とも 8.0 m ともいわれていたが、2008 年の測定では M 7.8 m しかなかった。こうなると、巨樹 DB で、石川県にある幹周 8 m 台のヒノキ 3 本を検証する必要があった。どのヒノキも、険しい山地帯にあり、特に「荒谷の大桧」は道もなく、案内なしには到達できない山中にあった。2009 年に現地調査を行った結果は、

- 石川県白山市「桧倉の大桧」は、巨岩を抱いて巨大化した株立ちのヒノキで、報告値は幹周 8.78 m だが、株周 M 9.0 m（0.5 m）。
- 石川県白山市「権現の愛木」幹周 8.8 m は、調査の結果ヒノキではなくネズコであった。測定値は幹周 7.5 m（1.3 m）。
- 石川県白山市「荒谷の大桧」は 3 本あり、最大が幹周 8.3 m。これは根元で 2 分岐する樹形で、合計周であった。

さらに、幹周 7 m 台のヒノキでは、

- 宮崎県五ヶ瀬町「祇園の大ヒノキ」は幹周 7.82 m あったが、2009 年現地調査で幹周 M 7.1 m であることを確認した。
- 岐阜県高山市「六厩（むまい）のヒノキ」幹周 7.67 m。
- 石川県白山市「桧ヶ宿の桧」幹周 7.6 m。
- 岐阜県中津川市「神坂大桧（みさかおおひ）」幹周 7.22 m。
- 福島県天栄村「観音堂のヒノキ」幹周 7.1 m。
- 茨城県那珂市「静神社のヒノキ」幹周 7.0 m。

　よって、日本一のヒノキは幹周、樹形、立地等を総合的に判断して「大久保のヒノキ」とした。

◀気根が下がる石川県「荒谷の大桧」

【位置】
北緯　32-30-29.9
東経　131-12-17.1

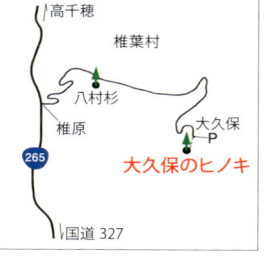

【アクセス】
日向市から国道 327 号線で椎葉村に入り、国道 265 号線を 5 km 北上、右折して八村杉を越えて登ると大久保の駐車場。100 m 山側に立つ。

小長井のオガタマノキ

長崎県 〔115〕

国指定天然記念物

日本一のオガタマノキ――神霊を招く西日本の神木の代表種

扇を広げるような樹形は、安定感があり見事。2007.6.14 撮影

【樹種】オガタマノキ 　【学名】*Magnolia compressa*
【特徴】モクレン科の常緑高木の広葉樹、本州（千葉県以西）〜沖縄に分布。
【幹周】M 9.1 m（1.3 m 2007）　【樹高】20 m　【推定樹齢】1,000 年
【所在地】長崎県北高来郡小長井町川内

オガタマノキは千葉県以西、暖地の山地に自生するモクレン科の樹木である。「招霊の木」と書き、この木の枝を神前に供え、神霊を招くのに使ったという。花や木の香りがよく、堂々とした樹形になることから、ご神木として西日本の境内によく植えられた。

　ところが、この「小長井のオガタマノキ」は単なる畑地にある。古来ここまで水面が上がっていた頃、舟を繋いだといわれているが、現地では想像もできない山の急斜面の上にある。過去2度ほど幹の伐採を経験し、それでも生き延びて、現在のような巨大な樹形に成長したという。以前は幹全体がツタにおおわれ、樹種も特定できないくらいになっていたが、現在はよく手入れされるようになった。いったい樹齢はどのくらいなのか、見当もつかない稀な巨大オガタマノキである。

　林道より高さ2mほどの石垣が造られ、その石垣に根が生える格好で立っている。上部接地面で大きく3分岐する樹形で、分岐幹はすぐ複数に分岐する。分岐部は平らになって、人が立てる空間がある。幹周9.1mは、ちょうど上部接地面の分岐部分を測定したもので、幹の中心線より1.3m地点を測定するM式と同一場所になる。

　幹周9m台はこの「小長井のオガタマノキ」1本で、文句なく日本一である。オガタマノキの巨木は九州に多く存在する。

● 鹿児島県薩摩川内市「永利のオガタマノキ」幹周6.7mとされるが、実際は8.1mもある巨木で、これが全国2位になる。
● 鹿児島県伊佐市「小木原のオガタマノキ」幹周9.0mとの報告があるが、実際は幹周6.4m。
● 熊本県大津町「葉山さんのオガタマの木」幹周6.0mだが、上部で連理した幹の合計周である。

◀ 側面から見た樹形

【位置】
北緯　32-55-57
東経　130-09-08.7

【アクセス】
佐賀県から国道207号線で諫早に向かい、長里川の手前で右折、小長井の集落を越えて谷に入る所に立つ。

麻生原のキンモクセイ

熊本県 116

日本一のキンモクセイ──ほぼ無傷で最大化した幸運な巨木

国指定天然記念物

キンモクセイとは思えぬ巨木で、現在も見事に花をつける。2012.10.4 撮影

【樹種】キンモクセイ　【学名】*Osmantus fragrans* var. *aurantiacus*
【特徴】モクセイ科の常緑小高木、中国原産。
【幹周】M 3.78 m（1.3 m 2012）　【樹高】13 m　【推定樹齢】800 年
【所在地】熊本県上益城郡甲佐町麻生原

これまで、日本一のキンモクセイは静岡県三島市の「三嶋大社のキンモクセイ」と思われていた。分岐幹ながら幹周 M 4.0 m（分岐 0.2 m）という堂々たる樹形。樹種は品種のウスギモクセイである。ところが、2012 年 10 月に、幹周 3 m の単幹日本一といわれていた「麻生原のキンモクセイ」を調査すると、幹周 M 3.78 m もあることが判明した。樹高も 13 m もある堂々たる樹形で、日本一にふさわしい。これも樹種はウスギモクセイ。花つきもよく、甘酸っぱい香りが周囲に立ちこめる。

　熊本市の南約 13 km、緑川のほとりの田園地帯にある。麻生原集落の中央、馬頭観音堂の傍らに植えられている。地上 4 m まで完全な単幹樹で、上部は 4 分岐して枝葉を広げる。これほどの巨木にもかかわらず、ほとんど損傷が見られないのは驚異である。

　キンモクセイは中国から渡来した樹木で、花の色が白色のギンモクセイの変種である。巨木を論議する場合、通常変種間は区別しないが、例外的に花色の明らかなちがいにより分けた（日本一のギンモクセイは「吉田のギンモクセイ」〔p.216〕参照）。

- 広島県安芸太田町「宇佐大元神社のキンモクセイ」幹周 2.85 m の単幹樹。
- 愛媛県西条市「往至森寺（おうしもりじ）のキンモクセイ」根元周囲 4 m の分岐幹。
- 茨城県取手市「龍禅寺のキンモクセイ」根元周囲 3.6 m の 2 分岐幹。
- 宮崎県日南市「願成就寺のモクセイ」根元周囲 3.4 m の分岐幹。

◀ かつて日本一であった「三嶋大社のキンモクセイ」。地上 0.5 m で 3 分岐する堂々たる樹形であったが、近年 1 本が折れ樹形が変わった。

【位置】
北緯　32-40-40.7
東経　130-47-57.6

【アクセス】
九州自動車道、御船インターを降り、甲佐町で甲佐大橋を渡ると麻生原。集落の中央辺りにある。

117 鹿児島県

奥十曽のエドヒガン

おくじっそ

市指定天然記念物

根上り日本一のエドヒガン──執念で発見された巨大根上り桜

どのような成長過程でこのような樹形になったものか。2009.5.9 撮影

【樹種】エドヒガン
【学名】*Prunus spachiana*
【特徴】バラ科の落葉高木の広葉樹、本州～九州に分布。
【株周】M 10.8 m（1.3 m 2009）
【樹高】28 m
【推定樹齢】600 年
【所在地】鹿児島県伊佐市大口小木原十曽国有林

▶全景

1977年8月、地元の植物研究家、杉本正流氏によって発見されたエドヒガンの巨木である。標高560m、国有林内の岩屋谷にあり、もともと地元の古老の話として、巨大な桜があると知られていた。杉本氏は、道なき奥十曽の深山に分け入り、執念で目指す巨大桜を発見したという。

現在は林道が近くまで開通し、十曽池より6kmほど登り、駐車場より200m山道の階段をたどると、山の斜面に巨大な根を露出して立つ。完全な根上りである。しかし、幹周は単純に地上1.3mを計測して10.8mあり、これまで最大とされていた「山高神代桜」(p.124)の幹周10.6mを上回り、日本で最大のエドヒガンとされた。しかし、M式測定法では、根上りの樹木として分けて扱い、株周M10.8m（1.3m）となる。このような根上りのエドヒガンは全国的にも例がなく、単独で日本一ということになった。また、エドヒガンの巨木としては日本最南端に位置するもので、植物学的にも貴重な存在である。

根元には高さ1.2mの空洞があり、地上6mで2分岐する。西幹は切断され、主幹は上部で2分岐、天高く枝葉を広げている。地上3m付近のもともとの幹周はおよそ4mほどである。

北緯　32-07-09
東経　130-38-12.2

【アクセス】
九州自動車道、栗野インターから国道268号線を伊佐市に向かい、小木原で十曽渓谷に入る。十曽池から谷を進み、途中右折して登る。案内のある駐車場から、登山道を200m登ると立つ。

鹿児島県 蒲生の大クス

118 日本一のクスノキ――単幹としては全種の中で日本最大幹周

国指定特別天然記念物

巨木という概念を通り越して、巨大生命体というべきか。2007.6.12 撮影

- 【樹種】クスノキ 　【学名】*Cinnamomum camphora*
- 【特徴】クスノキ科の常緑高木の広葉樹、本州（関東以西）〜九州に分布するが、古代に移入されたともいわれる。
- 【幹周】24.22 m（1.3 m）　【樹高】30 m　【推定樹齢】1,500 年
- 【所在地】鹿児島県姶良郡蒲生町上久徳 2259-1　蒲生八幡神社

日本一のクスノキとしてあまりにも有名な巨木で、いまさら解説を加えるまでもないであろうが、幹周 24.22 m という巨樹 DB の報告値について述べてみよう。

　全国のクスノキを取材すると、巨木の多くは根元が大きく膨らんだ樹形で、地上 1.3 m 地点が根張りのような部分になり、見た目以上の測定値が出る。巻尺を回すときも、測定部分の位置によってかなり誤差が出ることは容易に想像できる。そもそもクスノキとはそのような樹形の木で、実感できる幹周を測定する方法を、残念ながら見いだせなかった。

　「蒲生の大クス」も、根元が大きく膨らんだ樹形で、幹周を測定する場合、幹の上を歩く格好になる。巻尺を回す正確な位置というものが実際はあってないようなもので、少しのずれでも 2〜3 m の誤差が出そうだ。

- ●福岡県築上町「本庄の大クス」幹周 21.0 m。根元広がりで実際は 19.45 m。
- ●静岡県熱海市「来宮神社（阿豆佐和気神社の大クス）」（p.110）幹周 23.9 m とされるが、凹凸に沿って測定したもので、実際は 18.5 m。
- ●福岡県宇美町「衣掛の森」幹周 20 m だが、実際は 18.35 m。
- ●佐賀県武雄市「川古の大クス」幹周 21.0 m だが、根元広がりで実際は 17.15 m。
- ●大分市「柞原八幡宮のクス」幹周 21.0 m だが、根元広がり。
- ●佐賀県武雄市「武雄の大楠」幹周 20.0 m だが、根元広がり。
- ●熊本市「藤崎台のクスノキ群」最大株は幹周 20.0 m、根元広がり。

　実際に巻尺を回せないクスノキがあったが、根元が大きく膨らんだこれらの大クスを、幹周値だけで大きさを判断することは無理がある。

◀大分県「柞原八幡神社のクス」

【位置】
北緯　31-45-56.8
東経　130-34-09.2

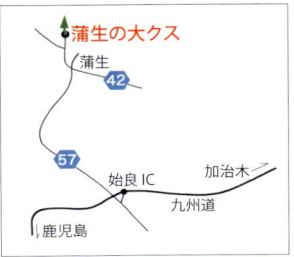

【アクセス】
姶良インターから県道 57 号線を北上、県道 42 号線を左折して、蒲生町の北側、蒲生八幡神社の駐車場に入る。境内の本殿左に立つ。

信楽寺のアコウ

119 鹿児島県

日本一のアコウ――血管が浮き出たような幹の異様さ

幹とも根とも判別がつかない主幹は異様だ。2009.5.9 撮影

- 【樹種】アコウ　【学名】*Ficus superba* var. *japonica*
- 【特徴】クワ科の常緑高木の広葉樹、和歌山県南部、四国南部～沖縄に分布。
- 【幹周】13.78 m（1.3 m）　【樹高】22 m　【推定樹齢】300 年
- 【所在地】鹿児島県指宿市西方宮ケ浜 4810–2　信楽寺

アコウは、クワ科イチジク属の樹木で、暖地の沿岸部に生える。幹から気根を出し、奇怪な樹形を形成する。もっと南の分布域をもつガジュマルも多くの気根を出す同じイチジク属の樹木で、よく似ている。アコウは枝や幹に球形の花のうをびっしりつけ、8月頃熟し、直径 1.5 cm ほどの淡紅色の果のうとなる。

　かつては長崎県奈良尾町のアコウ（幹周 12.0 m）が最大と思われていたが、鹿児島県指宿市の「信楽寺のアコウ」が幹周 13.78 m あることが判明し、日本一になった。これまで幹周 11.0 m とされ、全国4位とされていた。

　信楽寺の墓地入口にあり、隣は指宿報国神社がある。昔、船頭が航海の目安にしたというが、現在は住宅に阻まれている。墓地の奥にも巨大なアコウがあり、こちらは幹周 10 m ほど。仁王様のような威圧感のある樹形で、何の指定もされていないようだ。全国で調査すればもっと大きなアコウが出てくるかもしれない。

- 長崎県五島市「奈留島権現山樹叢」のアコウ最大株は幹周 14.6 m とされるが、分岐幹の合計周である。
- 東京都小笠原村に幹周 15.4 m のアコウの記録があるが確認できない。

◀信楽寺墓地の奥にある別のアコウも巨大

【位置】
北緯　31-16-29
東経　130-37-16

【アクセス】
指宿市の宮ヶ浜駅のすぐ南、国道 226 号線から少し南に入ったところに信楽寺があり、隣の墓地の境に立つ。

単幹日本一のスギ——誰でも一度は拝みたいが到達苦難の名木

鹿児島県
縄文杉（じょうもんすぎ）

国指定特別天然記念物

季節や時刻の移り変わりとともに、樹肌は複雑な表情の変化を見せる。2011.4.21 撮影

【樹種】スギ　【学名】*Cryptomeria japonica*
【特徴】スギ科の常緑高木の針葉樹、本州〜九州に分布。
【幹周】16.1 m（1.3 m）　【樹高】25.3 m　【推定樹齢】4,000 年
【所在地】鹿児島県熊毛郡上屋久町下屋久営林署管内

単幹日本一のスギである。巨樹 DB には、縄文杉を上回る幹周をもつスギが 8 本あることは、M 式幹周測定法の項（p.8）で述べた。そして、8 本すべてが幹の凹凸に沿って測定したか、分岐幹の合計周であった。

　「縄文杉」の周囲は立入禁止なので測定できなかったが、他の 9 本のスギをすべて見て回れば、幹周を測定しなくても、「縄文杉」が圧倒的に巨大で、単幹日本一のスギであることは疑う余地がない。

　「縄文杉」は謎に満ちている。樹齢も、その成育過程も正確にわかっていない。かつて樹齢 7,200 年といわれたが、最近の科学調査で様々な事実がわかってきた。空洞化した最深部の炭素年代測定で約 2,700 年という結果が出た。さらに、合体木ではないかといわれてきたが、これも 1 本の木であることが証明され、倒木更新の痕跡も発見されている。

　これらの事実を総合すると、樹齢は 3,000 年から 4,000 年、芯部に古木があり、これに発芽したスギが倒木更新によって巨大に成長したように思われるが、これもまだ推測の域を出ない。

　幹周 16.1 m とされる幹には圧倒的な迫力がある。地上 7 m で主幹と大小の幹 2 本に分岐、主幹はさらに 10 m で 2 分岐する。斜上した幹の先端から枝が水平に出て先端は垂れない。着生木が多く、主幹には縦にしわが波打つように入り、こぶも多い。垂直に立ち上がる一本杉とは異なり、成長過程に複雑な要因が加わったようだ。このことが材として不適切と判断され、伐採から逃れたというから、運命とは不思議なものだ。背後は大きく根元が膨らんで、中ほどに空洞がある。主幹にこぶやしわが多い様子は、内部にも空洞があることを予感させる。

▲月夜の縄文杉

【位置】
北緯　30-21-38.9
東経　130-31-54.1

【アクセス】
車で荒川林道終点まで入り、ここからトロッコ線路を 2 時間歩き、山道を 4 時間登ると、標高 1,300 m に立つ。帰路は 4 時間で、往復 10 時間はかかる。日本一の巨木中最も苛酷なアプローチで、早朝に出発しなければならない。

日本一の巨木　樹種索引

【ア】
アカガシ……………………… 172
アカマツ……………………… 42
アコウ………………………… 248
アベマキ……………………… 168
アンズ………………………… 24
イチイ……… 12（最北端),14
イチョウ……… 18,140（雌株）
イヌザクラ…………………… 134
イヌマキ……………………… 188
イブキ………… 204（単幹),218
イロハモミジ……116（単幹),164
エドヒガン……62,124,166（淡墨桜),208（景観),244（根上り）
エノキ………………………… 130
エンジュ……………………… 106
オオウラジロノキ…………… 54
オオズミ→オオウラジロノキ
オオヤマザクラ……………… 28
オガタマノキ………………… 240

【カ】
カイドウ→ハナカイドウ
カエデ→イロハモミジ
カキノキ……………………… 206
カゴノキ……………………… 234
カシワ………………………… 30
カツラ………………………
　40（株立ち),156（巨大感）
カヤ…………………………… 58
カラマツ……………………… 126
カリン………………………… 70
キクザクラ…………………… 146
キンモクセイ………………… 242
ギンモクセイ………………… 216
クスノキ……… 110（樹齢),246
グミ→ナツグミ
クリ→シバグリ
クロツバキ…………………… 194
クロベ………………………… 50
クロポプラ→ヨーロッパクロヤマナラシ
クロマツ…………… 92（見事),152（根上り),176（雄大),184
クワ→ヤマグワ
ケヤキ………………………… 46
コウヤマキ…………………… 180
コナラ………………………… 212
コブシ………………………… 160

【サ】
サイカチ……………………… 38
サカキ………………………… 170
サクラ…………………………
　62（枝垂), 68, 124, 134,146
ザクロ………………………… 120
サザンカ……………………… 186
サワグルミ…………………… 142
サワラ………………………… 66
サルスベリ…………………… 122
シナノキ……………………… 132
シバグリ……………………… 36,50
シマサルスベリ……………… 84
シロヤナギ…………………… 44
シャクナゲ→ホンシャクナゲ
スギ　……………… 32（樹高),138（幹周),162（親杉),190（台杉),196（分岐杉),228（境内),250（単幹）
スダジイ…… 100（根上り),210
ゼンショウジキクザクラ…… 146
センダン……………………… 220
ソメイヨシノ………………… 20

【タ】
タイサンボク………………… 144
ダケカンバ…………………… 128
タブノキ……………………… 90

チシャノキ……………… 236
ツバキ→ヤブツバキ
ドウダンツツジ……………… 154
トチノキ……………… 158

【ナ】

ナギ 198
ナツグミ……………… 86
ナツツバキ……………… 72
ナナカマド……………… 226
ナンテン……………… 148
ニセアカシア→ハリエンジュ
ネズ→ネズミサシ
ネズミサシ……………… 214
ネズコ→クロベ
ネジキ……………… 224
ネムノキ……………… 78

【ハ】

ハクモクレン……………… 96
バクチノキ……………… 108
ハナカイドウ……………… 102
ハナノキ……………… 178
ハリエンジュ……………… 80
ハルニレ……………… 104
ヒイラギ……………… 76
ヒサカキ……………… 82
ヒノキ……… 174（奇怪）,238
ヒノキアスナロ……………… 16
ヒバ→ヒノキアスナロ
ビランジュ→バクチノキ
ヒロハチシャノキ→チシャノキ
ビャクシン→イブキ
ブナ ……………… 22,52
プラタナス→モミジバスズカケノキ
ベニシダレ……………… 62
ホオノキ……………… 38
ポプラ→ヨーロッパクロヤマナラシ

ホルトノキ……………… 112
ホンシャクナゲ……………… 222

【マ】

マツ ……… 42,92,152,176,184
マユミ……………… 64
ミズナラ……………… 136
ミツバツツジ……………… 118
ムクノキ……………… 202
ムクロジ……………… 192
メグスリノキ……………… 56
モッコク……………… 182
モミ ……………… 200
モミジ→イロハモミジ
モミジバスズカケノキ……… 94

【ヤ】

ヤブツバキ……… 150（分岐幹）, 194（クロツバキ）,230（単幹）
ヤマグワ……………… 88
ヤマザクラ……………… 68,146
ヤマナシ……………… 60
ヤマモモ……………… 114
ユーカリ……………… 232
ユズリハ……………… 74
ユリノキ……………… 98
ヨーロッパクロヤマナラシ… 26

あとがき

　今から30年ほど前、1冊の本との出会いがきっかけで、全国の巨木を訪ねて歩くことになった。その本とは里見信生(さとみのぶお)先生著『石川県の巨樹』で、数々の巨木のデータが掲載されていた。おそらく、これが日本の巨木に全国的な目が向けられる契機となった書物ではないだろうか。先生はその後「全国巨樹・巨木林の会」を設立し、初代会長として巨木の調査や、保護にご苦労なされた。そして、私はその影響を受けて"日本一の巨木"調査に没頭することになった。これがなかなか厄介な作業であったことは、巻頭で述べた。その作業が飛躍的に進展することになったのは、インターネットの出現によるところが大きい。そして、これまでなかなか思うように撮影できなかった巨木が、デジタルカメラの高性能化によって可能になった。カーナビの進化も大いに役立った。故障しない車もありがたかった。これら時代の革新的な技術が背景になければ、なし得なかったと断言できる。そんな時代に生きていた幸運をまず感謝しなければならない。また、日本各地で情報の提供や、現地での案内をしていただいた方々がいなければ、なし得なかったこともいうまでもない。心より感謝申し上げたい。そして、一つの区切りとしてこの著書を発刊することになったが、まだまだ多くの日本一の巨木の存在があるわけで、今後も時間の許す限り調査をしていきたい。

　　　　　　　　　　　　　　　　　宮　誠而

■著者プロフィール

宮　誠而
みや　せいじ

1949 年、石川県生まれ。福井大学卒。巨木の写真家として日本全国を駆け巡る。写真の新たな可能性に挑戦しながら自然の新たな魅力を引き出した作品を数多く発表している。主な著書に『北陸路・古寺の四季』全 5 巻、『野の花アレンジ作品集』全 3 巻、『迷った時の花辞典』、『宮 誠而・写真全集』全 5 巻など。

▲幹周測定中の筆者

■ DTP ／ニシ工芸、越後真由美
■編集／椿　康一

<ruby>列島自然<rt>れっとうしぜん</rt></ruby>めぐり　<ruby>日本一<rt>にっぽんいち</rt></ruby>の<ruby>巨木図鑑<rt>きょぼくずかん</rt></ruby>　──<ruby>樹種別日本一<rt>じゅしゅべつにっぽんいち</rt></ruby>の<ruby>魅力<rt>みりょく</rt></ruby>120──

2013年3月10日　初版第1刷発行

著　者	宮　誠而
発行者	斉藤　博
発行所	株式会社　文一総合出版
	〒162-0812　東京都新宿区西五軒町2-5
	Tel：03-3235-7341（営業）
	Fax：03-3269-1402
	http://www.bun-ichi.co.jp　振替：00120-5-42149
印　刷	奥村印刷株式会社

©Seiji MIYA 2013　　　ISBN 978-4-8299-8801-5　Printed in Japan

JCOPY ＜(社)出版者著作権管理機構　委託出版物＞

本書の無断複写は著作権法上での例外を除き禁じられています。複写される場合は、そのつど事前に、(社)出版者著作権管理機構（電話03-3513-6969、FAX 03-3513-6979、e-mail: info@jcopy.or.jp）の許諾を得てください。